DOCUMENTS

SUR LES

TREMBLEMENTS DE TERRE

ET LES

PHÉNOMÈNES VOLCANIQUES

au Japon

PAR M. ALEXIS PERREY.

(Mémoire présenté à l'Académie impériale des Sciences, Belles-Lettres et Arts de Lyon).

Une des régions les plus remarquables du globe, au point de vue seismique, est certainement la grande zone volcanique qui commence à l'île Barren, dans la baie de Bengale, traverse les îles de la Sonde, les Moluques et les Philippines, se relie par l'île de Formose et les petits archipels voisins à l'archipel continental du Japon, que la chaîne des Kourilles rattache au Kamtschatka, et va se terminer aux îles Aleutiennes.

J'ai déjà, dans divers Mémoires, étudié les phénomènes volcaniques et seismiques dans les archipels des Moluques et des Philippines. Les documents que j'ai recueillis sur la sec-

1862

tion orientale de cette grande zone, qui forme une bande continue de l'île Formose à l'archipel des Aléoutes, seraient trop considérables pour un Mémoire destiné à une Société savante, et j'ai dû les scinder. Ceux que j'ai l'honneur de présenter à la Société ne sont relatifs qu'à la partie méridionale de cette section comprise entre l'île de Formose et la grande île Jesso, au nord du Japon.

La Société d'Agriculture de Lyon a accueilli et encouragé l'une des premières mes recherches seismiques. Elle m'a fait l'honneur d'admettre plusieurs de mes Mémoires dans ses *Annales*. C'est une haute faveur dont je lui suis très-reconnaissant et pour laquelle je la prie d'agréer mes remercîments. J'espère que ce nouveau travail sur un pays encore si peu connu et si longtemps fermé à la science comme au commerce, sera accueilli par elle comme les précédents. Quoique peu nombreux, vu la fréquence du phénomène dans ces contrées, les faits que j'ai pu recueillir me semblent présenter un intérêt d'une grande importance. C'est sous le patronage affectueux de notre savant confrère, **M. Fournet**, juge si compétent en ces matières, que j'ai l'honneur de les présenter à la Société.

Ce travail est divisé en deux parties. La première est consacrée aux documents que j'ai pu recueillir sur la constitution volcanique de cette région; la seconde comprend le catalogue des tremblements de terre et des éruptions volcaniques.

PREMIÈRE PARTIE.

Ile Formose.

« La fréquence des tremblements de terre qui se font sentir avec tant de force dans l'île de Formosa, peut donner lieu de supposer que la chaîne volcanique des Philippines se perd sous le continent de la Chine. » Telles sont les seules lignes que de Buch consacre à l'île de Formose (*Description des îles Canaries*, p. 439 de la traduction française).

De Humboldt qui, dans son dernier travail sur les volcans, la rattache aux *îles de l'Asie Méridionale*, n'est guère plus explicite. « Nous comprenons, dit-il, sous cette dénomination l'île de Formose (Thaï-wan), les Philippines, les îles de la Sonde et les Moluques. Klaproth nous a fait connaître le premier les volcans de Formose, d'après les sources chinoises, toujours si abondantes en descriptions minutieuses de la nature. Formose contient quatre volcans, parmi lesquels le Tschy-kang, ou Montagne-Rouge, qui a eu de grandes éruptions enflammées, et sur lequel existe un cratère-lac rempli d'eaux brûlantes. » (*Cosmos*, t. IV, p. 421 de la traduction française).

Voici les renseignements que je trouve dans un article de Klaproth, sur l'île Formose, et auxquels de Humboldt fait allusion.

« Le *Phy-nan-my-chan*, au sud-est de Fung-chan-hian, est une montagne très-élevée et couverte de pins. On dit que, pendant la nuit, on y distingue une lueur qui ressemble à du feu ; peut-être est-ce un volcan... (1).

---

(1) Cette montagne forme une chaîne longue et très-élevée. Les hommes n'y portent point leurs pas. Lorsqu'on la regarde de loin, on la voit projeter une lueur rouge comme du feu (Stanislas Julien, *Comptes rendus*, t. xx, p. 834, 1840).

» Le *Tchy-kang* ou la Chaîne-Rouge est au sud de Fung-chang-hian. Il s'y trouve un lac dont l'eau est chaude : on dit que sa cime , éloignée de 140 ly de la ville , a autrefois vomi du feu (1).

» Le *Ho-chan* ou Mont de feu, au sud-est de Tchou-lo-hian, est rempli de pierres entre lesquelles coulent des sources dont les eaux produisent constamment des flammes. Il paraît par conséquent, que la terre, dans cet endroit, contient beaucoup de naphte, ou que ses exhalaisons sont du genre de celles de la Pietra-Mala, dans les Apennins, ou du voisinage de Bakou, sur les bords de la mer Caspienne, qui donnent continuellement du feu (2).

» Le *Lieou-houang-chan*, ou Mont de soufre, s'étend au nord de la ville de Tchang-houa-hian jusqu'à Tan-chouy-tching. On voit continuellement des flammes à sa base; les exhalaisons sulfureuses sont si fortes qu'elles peuvent étouffer un homme. On extrait une grande quantité de soufre des terres de cette montagne. » (*Ann. des Voyages*, t. XX, (t. IV de 1823), p. 203-206).

Tels sont les quatre volcans ou pseudo-volcans qu'a fait connaître Klaproth et que de Humboldt a signalés dans ses *Fragments asiatiques*, p. 82.

Plus tard, dans une lettre adressée à M. Arago et insérée aux *Comptes rendus*, t. X, p. 832-834 (1840), M. Stanislas Julien donne des extraits d'une *Histoire abrégée de la pacification de l'île de Thaï-wan* ou de Formose, parmi lesquels se trouve l'article suivant intitulé *Ho-chan* (littéralement *Feu-montagnes*), c'est-à-dire volcans.

---

(1) Elle offre un plateau vaste et inégal au-dessus duquel s'élèvent constamment des flammes. (Stanislas Julien, *Comptes rendus*, t. xx, p. 834, 1840.),

(2) M. Stanislas Julien dit aussi : On voit constamment des flammes qui sortent du fond de l'eau (de la source chaude) et voltigent à sa surface. (L. c.)

« Il y a deux volcans dans l'île de Formose ; tous deux se
» trouvent compris dans les limites du district de *Tchou-lo-hien.*
» L'un est situé au nord de *Pantsiouen* (c'est actuellement le
» district de *Tchang-hoa-hien*), à l'est des deux montagnes ap-
» pelées *Miao-lo-chan* et *Miao-wou-chan.* Pendant le jour, il
» s'en élève constamment des colonnes de fumée, et pen-
» dant la nuit, il répand au loin une lueur éclatante. Il se
» trouve dans la partie de l'île habitée par des tribus sau-
» vages que l'on n'ose aborder. »

Cette description, si elle est exacte, indique évidemment
un volcan actif. Elle paraît s'appliquer, suivant M. Stanislas
Julien lui-même, à la montagne indiquée plus haut sous le
nom de Lieou-hoang-chan, que le savant orientaliste français décrit ainsi : « Elle est située au nord du district de
Tchang-hoa-hien, tout près de la ville de *Tan-chouï-tchhing*,
ou la *ville de l'eau douce.* Suivant une ancienne géographie, il existe, au pied de cette montagne, un foyer brûlant
qui projette une lueur éclatante. Quand le soleil y darde ses
rayons, il s'en échappe des vapeurs qu'on ne peut respirer
sans danger. On fait bouillir la terre (de cette partie de la
montagne) et l'on en extrait une grande quantité de soufre. »
L. c. p. 834).

« L'autre volcan, dit M. Stanislas Julien (L. c. p. 835), fait
partie du rameau gauche qui s'étend au sud de la ville principale de ce district ; il est situé derrière le mont *Yu'-an-chan*
ou Mont de la Table de Jade. » D'après cette position, c'est
évidemment le Ho-chan.

A ces documents empruntés aux livres chinois se bornent
nos connaissances sur les volcans de l'île Formose, dont l'intérieur n'a pas encore été exploré. M. Berghaus n'a fait que
traduire Klaproth (1), dans le 47ᵉ chapitre de sa Géographie.

---

(1) Allgemeine Laender-und Voelkerkunde, t. ii, ch 27. Stuttgard, 1837, 6 vol in-8°.

M. Landgrebe, dans son *Histoire naturelle des Volcans* (1), ne donne pas d'autres détails; seulement il change l'ordre des deux premiers. Suivant lui, le Tschy-kang est le plus méridional des quatre; vient ensuite le Phy-nan-my-chan, situé sur la côte sud-est, puis le Ho-chan qui se trouve à peu près sous le tropique du Cancer, et enfin le Lieou-houang-chan, le plus septentrional qui s'élève sur l'axe central de la chaîne longitudinale.

M. W. Hermann n'en marque que trois sur sa carte volcanique (2), et, chose curieuse, c'est le Tchy-kang qu'il supprime, c'est-à-dire celui que de Humboldt signale dans son dernier travail sur les volcans. Du reste, il place les autres dans l'ordre indiqué par M. Landgrebe.

M. le baron Ferdinand de Richthofen vient de publier (3) un Mémoire très-intéressant sur cette île encore inconnue au point de vue géologique. J'en traduirai ici quelques passages.

« La frégate prussienne la *Thétis* ayant visité le havre de Tamsui, sur la côte septentrionale de l'île, j'ai profité, dit-il, de cette heureuse occasion pour en étudier les roches, et quoique la relâche n'ait été que d'un jour, j'ai pu faire des observations qui ne me paraissent pas dénuées d'intérêt.

« Formose est formée par une haute chaîne de montagnes qui s'élèvent jusqu'à 12000 pieds de hauteur au-dessus du niveau de la mer. Cette évaluation n'est pas fondée sur des mesures hypsométriques; mais elle est probable, puisque les plus hauts sommets restent couverts de neige pendant la plus grande partie de l'été. Généralement leurs flancs sont abruptes, et dans quelques endroits, comme au village de Chocke-

---

(1) Naturgeschichte der Vulcane. Gotha, 1855, 2 vol. in-8º.

(2) Allgemeine Vulkanen-Karte der Erde. Berlin, 1856, 1 feuille.

(3) Ueber den Gebirgsbau an der Nordküste von Formosa. — *Zeits. d. d. Geol. Gesells.*, t. XII, cah. 4, p. 532-545. Berlin, 1860.

day, sur la côte orientale, elles forment des falaises escarpées de six à sept mille pieds.

» En approchant de la côte nord-ouest, on aperçoit, de la mer, deux hautes montagnes isolées, entre lesquelles se trouve l'embouchure de la rivière Tamsui ; à droite et à gauche, s'étend un plateau de quatre à cinq cents pieds d'altitude. Les cartes marines dressées par les Anglais portent la hauteur de la montagne du nord à 2800 pieds, et celle du sud à 1720. La première paraît être l'origine d'un groupe qui s'étend très-loin à l'est ; celle du sud est la plus petite, plus abrupte et semble isolée. Toutes deux rappellent par leurs formes les montagnes trachytiques. Nous venions de visiter Nangasaki, qui est environnée de montagnes de cette nature, et la ressemblance est frappante.

» ROCHES DE LA PÉRIODE TRACHYTIQUE. — 1. *Trachyte*. Ce que la forme des deux montagnes (situées à l'embouchure de la rivière Tamsui), fait soupçonner de leur composition trachytique, est parfaitement confirmé, pour celle du nord, par le grand nombre de blocs qui s'en sont détachés ; et je ne peux guère douter que celle du sud ne soit formée des mêmes roches. Ces blocs sont composés de deux espèces de trachytes. L'une, qui l'emporte par le nombre, est un trachyte avec hornblende et oligoklas, sans sanidine et sans augite. La pâte grise, à grains, abonde en cristaux isolés. L'amphibole est d'un rouge brun sombre et s'écaille facilement en aiguilles de deux à six lignes de long. Leur disposition est toute particulière. Quand on brise la roche, on aperçoit à la surface de la cassure des stries très-brillantes, formées par les cristaux qui se croisent dans toutes les directions. L'oligoklas est d'un blanc verdâtre ; les cristaux sont plus petits que ceux de l'amphibole ; mais leur disposition est à peu près la même. Sur la même cassure où brillent les stries amphiboliques, on voit l'oligoklas former de petites taches arrondies, moins brillantes et parfois visibles sans aucun éclat. — Ces deux minéraux impriment à ce trachyte un cachet caractéristique. On y rencontre encore un autre minéral dur et verdâtre qui réclame un examen ultérieur. La roche a dans son ensemble une cassure irrégulière, plus facile dans le sens des stries brillantes et cristallines dont je viens de parler, difficile et écailleuse suivant les autres directions. Les influences météorologiques ont exercé un double effet à la surface, dont se détachent de petites écailles d'un gris de rouille et de l'épaisseur d'une feuille de papier, tandis qu'à l'intérieur elles forment des lamelles d'un brun rouge sombre, épaisses d'une ligne ; la différence est parfaitement tranchée.

» La deuxième espèce de trachyte est basaltique, très-cassante, à écailles planes avec des angles tranchants ; elle est formée d'un mélange minéralogique à grains fins et d'une teinte d'un gris noir, dans lequel se distinguent des cristaux irréguliers et cassants d'une augite transparente qui a la teinte vert-foncé du poireau. Les agents atmosphériques ont exercé la même influence sur cette espèce que sur la première, seulement elle est moins profonde, et la teinte de rouille est d'un brun plus jaunâtre.

» Je ne puis pas dire quel est celui de ces deux trachytes qui est le plus abondant. On y remarque encore beaucoup d'autres éléments, mais tous paraissent subordonnés.

» 2. *Conglomérat trachytique grossier.* — En plusieurs endroits de la côte, près de Ho-bi, se montre un conglomérat grossier, qui paraît former la base des dépôts sédimentaires dont sont composées les collines, et qui contient de nombreux fragments anguleux des deux trachytes dont nous venons de parler. C'est une masse dure, de nature trachytique, dans laquelle on reconnaît à la fois des couches de matière éruptive qui a probablement coulé, et des tuffs qui sont venus les recouvrir. La solidité de la pâte est trop grande pour un simple dépôt sédimentaire, et son étendue trop plane et unie pour être d'origine purement éruptive. Le niveau auquel apparaît cette roche est le même sur une immense surface; ce n'est que sur la côte qu'on en trouve des blocs désagrégés; on en voit un grand nombre à droite de l'embouchure de la rivière Tamsui.

» 3. *Tuffs trachytiques.* — Ils sont colorés en brun-rougeâtre et forment une masse terreuse qui indique une décomposition déjà avancée. Je ne les ai vus nulle part dans leur forme primitive. Ils composent les collines superposées aux conglomérats précédents. Mais on y reconnaît encore assez exactement la structure et les couches horizontales de cette formation. Quelques-unes de ces couches sont remplies de blocs trachytiques; ceux-ci sont aussi altérés et changés en une masse terreuse qui forme un ciment par lequel sont réunis divers minéraux décomposés et entassés en couches épaisses de couleur blanc-jaunâtre. C'est à ces tuffs désagrégés par les agents météorologiques que les environs de la rivière Tamsui doivent leur fertilité qui se montre dans des cultures nombreuses et variées.

» Ces trois formations de la période trachytique constituent la région du havre de Tamsui. Les tuffs y ont pris une extension extraordinaire. A en juger par la puissance uniforme des couches qui forment les montagnes et leur position horizontale et non bouleversée, il est plus que probable que le vaste plateau qui s'étend le long de la côte, au sudouest d'Ho-bi, est également composé des mêmes tuffs. »

L'auteur rapporte la formation de ces montagnes trachytiques, des conglomérats et des tuffs à l'époque tertiaire. *Elle aurait été suivie d'un affaissement du sol, auquel aurait succédé un nouveau soulèvement, lequel paraît se continuer encore aujourd'hui d'une manière lente.*

Suivant le lieutenant Preble du *Macedonian*, la petite Kilung, située à l'entrée du port de même nom et haute de cinq à six cents pieds, serait volcanique. M. Jones dit qu'elle est formée de syénite.

L'auteur donne de nombreux détails empruntés à la relation d'une excursion faite en 1858, dans l'intérieur de l'île, par M. Svinhoe, qui l'a publiée dans le *Journal of the North China branch of the Asiatic society*, n° 11, mai 1859 (1); mais aucun n'est relatif aux volcans. Il dit seulement, après avoir parlé des mines de soufre situées entre Tamsui et Kilung : « D'après la description qu'en donne M. Svinhoe, ce qui reste de l'ancienne activité volcanique ne laisse aucun doute; mais quoi qu'en ait dit Klaproth, c'est plutôt une solfatare qu'un véritable volcan encore actif. »

Enfin il termine son intéressant travail par les conclusions suivantes :

« La partie la plus septentrionale de Formose consiste à l'intérieur en montagnes anciennes dont les nombreux blocs, disposés dans le lit de la rivière Tamsui, indiquent clairement la nature trachytique. Mais la côte paraît exclusivement formée de produits éruptifs de l'époque tertiaire qui, en partie, reposent sur les hautes montagnes trachytiques, en partie s'étendent fort loin de ces montagnes sous forme de tuffs éruptifs, et en partie forment un puissant système de tuffs sédimentaires. Ces derniers constituent un immense plateau, couvert de collines, qui embrasse les montagnes situées auprès de la rivière Tamsui, s'étend au sud-ouest vers Namkan-Point et Paksa-Point, et va, en s'abaissant, former un plateau plus bas, dans lequel se trouvent compris le port de Kilung et ses dépôts de charbon de terre.

---

(1) La relation de M. Svinhoe a aussi été publiée, mais par extraits seulement, dans le *Zeitschr. f. allg. Erdkunde*, N. Folge, t. III, p. 417-427. Je n'y ai trouvé aucun renseignement seismique ou volcanique.

» Des traces d'ancienne activité volcanique, qui se manifeste encore dans les dernières phases de son action, se rencontrent dans les mines de soufre, non loin de la pointe nord de l'île.

» Les formations récentes prouvent, tant au havre Tamsui qu'à Kilung, que le sol est encore aujourd'hui soumis à un mouvement de soulèvement lent, comme dans l'archipel des Lou-Tchou et à l'île Kiou-siou. »

Iles Lou-Tchou.

« Nous ne connaissons pas encore assez, dit M. de Humboldt, l'archipel de Lieou-Khieou (Lieu-Khieu, Loochoo), situé entre l'île de Formose et le Japon, pour avoir une idée exacte des volcans qu'il peut contenir. Nous savons seulement qu'il y en a dans sa partie septentrionale, où l'on rencontre l'*île du Soufre* (*Schwefel-Insel* en allemand, *Loung-houang-chan* en chinois), située au NE de la grande île de Lieou-Khieou, au 27° 50' lat. N, et 125° 25' long. E de Paris. L'île du Soufre est aussi appelée *Yeou-kia-phou* ou le *Rivage-des-Bannis*. Le volcan qui y produit une immense quantité de soufre, est situé dans sa partie NO; il vomit constamment de la fumée et des vapeurs sulfureuses, qui sont quelquefois si fortes, que l'on ne peut s'approcher du mont du côté d'où le vent souffle. Les rochers qui entourent ce volcan sont de couleur jaune, mêlée de bandes brunes. La côte méridionale est formée de hauts volcans d'un rouge foncé; l'on aperçoit sur sa surface quelques espaces d'un vert clair. Dans le gros temps, il est difficile de débarquer sur cette île, parce que la mer brise avec une violence extrême sur les rocs escarpés qui la bordent. Le Loung-houang-chan ne produit ni arbres, ni riz, ni plantes potagères; on y trouve beaucoup d'oiseaux et la mer est très-poissonneuse. Cette île est habitée par une trentaine de familles de bannis qui reçoivent leur subsistance de la grande Lieou-Khieou ; ils s'occupent à recueillir le soufre. »

M. de Buch y voit plus qu'une simple solfatare ; il regarde cette île comme le siége d'actions volcaniques très-énergiques.

Klaproth en a publié une carte spéciale dès l'année 1824 (*Ann. des Voyages*, t. XXI, p. 312), et c'est à lui que de Humboldt emprunte les détails que je viens de donner et qu'ont reproduits tous les auteurs qui se sont occupés de la géographie des volcans.

A. de Humboldt revient sur ce sujet dans le dernier volume du *Cosmos* et sépare cette île de l'archipel des Lou-Tchou.

« Du pic Horner (Caimon-ga-take), situé sur la côte sud-ouest de l'île Kiou-siou, dans le royaume insulaire du Japon, dit-il, part un arc de cercle décrit par une rangée de petites îles volcaniques dont l'ouverture est tournée vers l'ouest, et qui renferme (du nord au sud), entre les détroits de Diemen et de Colnett, Jakouno-sima et Tanega-sima ; au sud du détroit de Colnett, dans le groupe des Linschoten de Siebold (l'archipel Cécile du capitaine Guérin), qui s'étend jusqu'au 29ᵐᵉ parallèle, l'île Souwase-sima (l'île du Volcan du capitaine Becher), située par 29° 59' de latitude, 127° 21' de longitude, et qui s'élève, d'après de la Roche-Poncié, à 2630 pieds ou 855 mètres de hauteur ; puis l'île du Soufre de Basil-Hall (Sulphur-Island), appelée Tori-sima ou île des Oiseaux par les Japonais, Loung-houang-schan par le Père Gaubil, et située par 27° 51' de latitude, 125° 54' de longitude, d'après les mesures astronomiques du capitaine de la Roche-Poncié (1848). Comme cette île porte aussi le nom d'Iwosima, il faut prendre garde de la confondre avec son homonyme, située plus au nord dans le détroit de Diemen. L'île de Soufre a été bien décrite par Basil-Hall (1). En s'avançant

---

(1) *Voyage of discovery of the west coast of Corea and the great Loo-Choo Island.* London, 1848, p. 58 et cxxx. Pl. 1. Voy. à 1816.

vers le sud, entre le 26ᵐᵉ et le 27ᵐᵉ parallèle, on rencontre le groupe des Licou-khieou ou Lew-chew, appelé Loo-choo par les indigènes. Enfin, vers le sud-ouest, se trouve le petit archipel de Madschiko-sima, qui s'étend jusqu'à la grande île de Formose et que je considèrerai comme l'extrémité des îles de l'Asie orientale. » (IV, 420).

Je placerai ici l'archipel volcanique de Magellan dont plusieurs îles ont été colonisées par les Japonais. Cet archipel est peu connu; mais sa constitution volcanique le rattache évidemment au Japon qu'il relie aux îles Mariannes dont, cependant, je ne m'occuperai pas dans ce Mémoire.

Îles Bonin (1).

« Dans les îles Bonin, appelées Bouna-sima par les Japonais, et situées entre 26° 30' et 27° 45' de latitude, sous le méridien de 139° 55', l'île de Peel possède plusieurs cratères entourés d'une grande quantité de soufre et de scories, qui paraissent éteints depuis peu de temps. » (*Cosmos*, IV, 421).

« L'île Peel, dit Postels, est coupée par quelques séries de montagnes dont la direction est irrégulière et dont la hauteur ne dépasse pas 900 pieds anglais. Elles sont, jusqu'aux sommets, convertes de la plus riche végétation et offrent à la fois les plantes de la zone torride et celles de la zone tempérée. Le rivage est garni presque partout de parois de rochers nus qui tombent immédiatement à pic dans la mer. Ce n'est que dans peu d'endroits que l'on voit un bord étroit qui est couvert de sable de corail et de blocs de rochers, dispersés isolément çà et là. Plusieurs pointes de rochers saillantes forment des anses dont la plus considérable, nommée Lloyd, se trouve sur le côté occidental et est enfer-

---

(1) Archipel de Magellan ou Volcanique de quelques géographes.

méc par des montagnes. Entre les séries de montagnes se trouvent de profonds ravins et des vallées qui offrent un écoulement aux eaux que produit l'atmosphère, lesquelles, en se réunissant, forment des ruisseaux et, par des ravins latéraux, se déversent dans la mer dans toutes les directions. Le fond de la mer, à l'entour de l'île, est couvert de coraux qui forment des écueils d'une étendue assez considérable.

» L'origine de cette île est volcanique: le basalte, en variétés nombreuses, en forme le noyau. Le port Lloyd, où le *Séniavine* mouilla, est le seul point sur lequel j'ai pu faire des recherches plus spéciales. Le basalte, tant compact que poreux, y domine en formant des couches irrégulières et alternantes. Le premier se trouve cependant plutôt dans les enfoncements et s'offre souvent en séparations prismatiques, dont le diamètre ne dépasse pas 1 pied 1/2. Ces prismes gisent tantôt horizontalement, tantôt perpendiculairement ; dans le dernier cas, ils forment un beau pavé qui laisse apercevoir distinctement, à chaque prisme isolé, cinq ou six pans. Lorsque le basalte compact forme à lui seul de grosses masses, il est gris, à gros grain et renferme de petits cristaux de pyroxène. Lorsqu'il alterne avec le basalte poreux, il se présente noir et à petit grain, et renfermant çà et là des octaèdres de fer magnétique. Les couches sont pour la plupart inclinées, sans indiquer d'angles déterminés ; on ne les trouve que rarement perpendiculaires. A quelques parois se montre le basalte compact en grosses masses arrondies, de 7 à 8 pieds de diamètre, et renfermées dans de l'argile rouge et grise.

» La partie méridionale de l'anse se distingue par une colline haute de 150 pieds, qui tombe abruptement vers l'O, et dont le pied est fortement baigné par les vagues de la mer. Ici le basalte se présente en boules de la grosseur d'une noisette jusqu'à 7 pouces en diamètre ; elles sont intimé-

ment liées à une masse argileuse de couleur foncée ; quelques-
unes sont traversées de pores plus ou moins gros ; d'autres
sont parfaitement compactes. Dans les unes comme dans les
autres, on observe, en les brisant, des enveloppes concen-
triques qui renferment un noyau compact. Tandis que ces
boules endurcies ont résisté aux influences extérieures, la
masse cimentaire qui les entoure est lâche, friable, et se réduit en une terre grasse. On y voit des nids de calcédoines et
des filons de quartz qui coupent la roche en diverses directions ; le quartz se distingue par sa couleur verdâtre. Au nord
de ce rocher, le basalte prismatique se montre de nouveau.
Sur le penchant de la montagne, il est décomposé en argile
grasse et couverte de végétation, tandis que vers le rivage de
la mer, il est nu et divisé par des fissures ; c'est ainsi qu'il
s'étend bien avant dans la mer où, par un temps serein, on
peut encore l'apercevoir à des profondeurs considérables, entre des buissons de corail isolés. Traversant une petite anse
dirigée vers l'est, il se présente de nouveau sur le rivage opposé de l'anse, où il forme des séparations colonnaires.

» A l'extrémité de l'anse est un rocher isolé, d'environ
80 pieds de hauteur, qui a été séparé de la masse principale
de l'île par la violence des flots et par des tremblements de
terre. Le basalte amygdaloïde en forme la masse principale ;
il s'y trouve des sphéroïdes de calcédoine, de l'agate, du zéo-
lite, du stilbite et de la terre verte qui remplit les cavités. A
la marée basse, on parvient à pied sec, par-dessus des débris
de structure pareille à celle de ce rocher, jusqu'à la terre
ferme où se trouve la même roche, qui cependant, ayant plus
souffert des influences extérieures, ne montre plus que des
traces de ces parties constituantes, renfermées dans une argile
vert-jaune. L'espace entre ce rocher et l'île, ainsi que les ri-
vages qui y touchent, jusqu'à quelques centaines de pieds
vers l'intérieur, sont les seuls points où j'ai rencontré princi-

palement de la véritable lave poreuse, de l'obsidienne et du pechstein en masses assez considérables. Ces masses, cependant, ne se trouvent toujours que disséminées isolément, de sorte qu'on ne peut découvrir aucune trace de torrent de lave. La lave contient souvent de beaux cristaux d'olivine et de pyroxène. La pierre ponce se montre non-seulement ici, mais encore en beaucoup d'endroits, dans l'intérieur de la forêt; elle est en monceaux isolés et arrondis dont la circonférence ne dépasse jamais un pied.

» Les autres parties de l'île étaient ou impraticables ou trop éloignées, de sorte que la roche qui les constitue ne pouvait être examinée. Mais, à en juger par le caractère extérieur des montagnes et des parois de rochers, elles sont formées d'une roche parfaitement analogue à celle de l'anse Lloyd.

» Cette île, en automne et en hiver surtout, est sujette à de violents tremblements de terre; c'est alors aussi que règnent de furieuses tempêtes qui poussent au loin dans le pays les vagues de la mer, et causent la destruction des rochers et des forêts.

» Les îles situées au nord de Peel et devant lesquelles nous cinglâmes, ne présentent que d'immenses rochers à flancs perpendiculaires et à sommets irréguliers. Ils sont composés, selon toute apparence, de basalte compact et de basalte amygdaloïde. (1). »

La formation des îles Bonin est trappéenne, dit le commodore Perry. On y trouve des traces évidentes d'une ancienne action volcanique. On y éprouve encore aujourd'hui, au dire des anciens résidents, *deux ou trois tremblements de terre chaque année.*

---

(1) *Voyage autour du monde,* sur la corvette *le Séniavine,* dans les années 1826-1829, par Frédéric Lutke, t. III, p. 113-118. Paris, 1836, in-8°.

Il paraît que le port Lloyd (île Peel) n'est que le cratère d'un ancien volcan qui a soulevé les collines voisines; l'entrée actuelle du port n'est qu'une profonde crevasse qui s'est faite dans le flanc du cône et qui a donné passage à une coulée de lave qui s'est jetée dans la mer. Les eaux l'ont ensuite remplie et les dépôts qu'elles y ont laissés ont, avec la formation corallienne, donné au fond et aux bords du port sa forme actuelle (1).

Ile Tanega-sima.

Tanega-sima (Schwefel-Insel, île de soufre), par 30°30' lat. N. et 128°20' long. E. de Paris, suivant M. Berghaus; par 27°48' lat. N. et 128°20' long. E. de Greenwich, suivant von Hoff (qui écrit *Tanao-sima* et la confond avec le Loung-houang-chan), paraît être une simple solfatare. M. de Buch, qui la place à l'est de l'île de Kiu-siu, la confond avec Tsi-kuba-sima, dont j'ai parlé à l'an 94, et révoque en doute l'assertion de Kæmpfer, que la grandeur de Tanega-sima rend peu probable. Mais, ne fait-il pas confusion? Cette île est au sud de Kiu-siu. Entre Tanega-sima et les côtes méridionales du district de *Kaga-sima* (sur l'île Kiu-siu), se trouvent les trois îles qui surgirent en 764. Je ne sache pas qu'on ait remarqué dans ces îles, maintenant habitées, aucun indice récent d'activité volcanique.

L'île Tanega-sima n'est pas marquée sur la carte d'Hermann. Landgrebe n'en fait pas mention.

Ile Iwo-sima.

« Outre ces volcans (ceux des trois grandes îles du Japon),

---

(1) Commodore M. C. Perry, Narrative of the Expedition of an American Squadron to the China Seas and Japan, p. 232 et 240. New-York, 1856, in-8°.

dit de Humboldt, les navigateurs européens ont encore observé deux petites îles avec des cratères fumants : là première est l'île d'Iwoga-sima ou Iwo-sima, c'est-à-dire l'île du Soufre ; *sima* signifie île et *iwo* soufre ; *ga* est simplement un affixe du nominatif. Krusenstern l'appelle l'île du Volcan. Iwo-sima, située au sud de Kiou-siou, dans le détroit de Diemen, par 30°43' de latitude boréale et 127°58' de longitude occidentale, n'est pas à plus de 54 milles anglais du volcan de Mitake ; sa hauteur est de 2220 pieds (715 mètres). Linschoten en fait déjà mention en 1596 : « L'île Iwo-sima, dit-il, renferme un volcan qui est une montagne de soufre ou de feu. » Cette île est indiquée aussi dans les plus anciennes cartes marines des Hollandais, sous le nom de *Vulcanus*. Krusenstern l'a vu fumer en 1804. Le même spectacle s'est offert au capitaine Blake en 1838 ; à Guérin et à de la Roche-Poncié en 1846. D'après ce dernier navigateur, la hauteur du cône est de 2218 pieds (715 mètres). Cet îlot de rochers, mentionné comme un volcan par Landgrebe, dans son *Histoire naturelle des Volcans*, d'après le témoignage de Kæmpfer, qui le place près de Firato ou Firando, est incontestablement Iwo-sima ; car le groupe auquel Iwo-sima appartient s'appelle Kiou-siou-kou-sima, ce qui signifie les 9 îles de Kiou-siou et non les 99 îles, comme on l'a dit. Il n'existe pas de semblable archipel près de Firato, au nord de Nagazaki, ni dans aucune autre partie du Japon. » (*Cosmos*, IV, 416-417).

Landgrebe la place par lat. 30°45' N. et long. 127° 56' 25" E. Les Portugais l'appellent Fuogo.

Ile Kiou-siou.

« Les historiens du Japon ne mentionnent que six volcans actifs, dit de Humboldt, soit avant soit après l'ère chrétienne : deux dans l'île de Niphon et quatre dans l'île de Kiou-siou.

Les volcans de lile de Kiou-siou, la plus rapprochée de l'île de Corée, sont, en remontant du sud au nord :

a). Le volcan Mitake, qui s'élève sur l'îlot de Sayoura-sima, dans la baie de Kago-sima, ouverte au midi, et fait partie de la province de Satsouma, lat. 51°33', long. 128°21' (*Cosmos*, IV, 415). (1).

A l'exception de L. v. Buch, qui ne compte que deux volcans, l'Aso et l'Unsen, dans l'île de Kiou-siou, les auteurs modernes, comme MM. Berghaus, Landgrebe et Hermann, en comptent quatre : l'Aso-no-yama, l'Un-sen-ga-dake, le Biwo-no-koubi et le Miyi-yama, qui sont les quatre signalés, en 1831, par de Humboldt lui-même, dans ses *Fragments asiatiques*, p. 220-222. Aucun ne mentionne le Mitake dont le nom seul m'était connu. (*Voyez* à 1828).

b). Le volcan Kiorisima, dans le district de Maka, de la province Fouga, lat. 51° 45' (*Cosmos*, l. c.).

Est-ce le même que l'Unga cité plus loin à 1804?

c). Le volcan Aso-jama, dans le district Aso, de la province Figo, lat. 32°45' (*Cosmos*, l. c.).

Il jette continuellement des pierres et des flammes; celles-ci sont de couleur bleue, jaune et rouge. Des bains chauds entourent de tous les côtés le pied de la montagne. La terre, dit Kaempfer, est chaude et brûlante en plusieurs endroits et d'ailleurs si lâche et si spongieuse, qu'à quelques morceaux près, où il y a des arbres, on n'y saurait marcher qu'en tremblant, à cause du bruit qu'on entend continuellement sous les

---

(1) Après les Kouriles, dit Humboldt en commençant, du nord au sud, l'étude des volcans du Japon, vient l'île Jezo et les trois grandes îles du Japon, sur lesquelles un célèbre voyageur, M. de Siebold, a mis fort obligeamment à ma disposition un grand et important travail, qui me permet de rectifier ce que j'ai pu avancer d'inexact dans mes *Fragments de Géologie et de Climatologie asiatiques* et dans l'*Asie centrale*, sur la foi de l'*Encyclopédie japonaise*. (*Cosmos*, IV, 413.)

pieds. Il en sort beaucoup de fontaines chaudes dont les moines voisins ont fait autant de purgatoires pour les divers corps de métiers.

C'est celui que M. Hermann marque le plus au sud sur sa carte.

Dans la même province se trouve une montagne sur le sommet de laquelle est encore une grande ouverture qui était autrefois la bouche d'un volcan. Mais les flammes ont cessé depuis quelque temps, apparemment, dit Kæmpfer, parce qu'il n'y a plus de matière combustible.

d). Le volcan Wunzen, dans la presqu'île Simabara et dans le district Takakou (lat. 32° 45'). D'après une mesure barométrique, le Wunzen n'a pas plus de 1253^m ou 3856 pieds; il dépasse de cent pieds à peine le point culminant du Vésave, la Rocca del Palo. La plus violente des éruptions du Wunzen dont l'histoire ait conservé le souvenir est celle du mois de février 1793. Wunzen et Aso-jama sont situés tous deux à l'est-sud-est de Nangasaki (*Cosmos*, l. c.).

L'Unzen ou encore Ouzen-ga-dake, c'est-à-dire la *haute montagne des sources chaudes*, sur une presqu'île, à l'est de Nangasaki, était autrefois une montagne large et pelée, mais non très-élevée. Les vapeurs qui s'échappaient de son sommet pouvaient s'apercevoir à trois milles de distance. C'est l'éruption de 1793 qui lui a donné sa hauteur actuelle.

Le Biwo-no-koubi et le Miyi-yama, cratères voisins du Wunzen, ne paraissent pas constituer des volcans distincts du précédent. Ils en sont à peu près à une demi-heure de marche.

« En dehors de ces volcans actifs, dit de Humboldt (L. c. p. 418), on peut encore citer une file de montagnes coniques dont quelques-unes, caractérisées d'une manière manifeste par des cratères creusés à une grande profondeur, paraissent être des volcans depuis longtemps éteints.

a). » C'est le cas du cône Kaimon, le pic Horner de Krusenstern, situé dans la partie méridionale de l'île Kiou-siou, dans la province de Satsouma, sur la côte du détroit de Diemen (lat. 31°9'). Six milles géographiques à peine séparent cette montagne du volcan actif de Mitake, qui s'élève au nord-nord-est.

b). » Tel est encore, dans l'île de Sikok, le Kosousi ou petit Fousi, situé dans l'îlot de Koutsouna-sima, de la province d'Ijo par 33° 45', sur la côte orientale du grand détroit de Souwo-Nada ou *Van der Capellen.* »

Ile Firando.

Près de l'île Firando, située à la pointe nord-ouest de l'île Kiou-siou, se trouve une petite île rocailleuse qui, d'après Kæmpfer, a brûlé et a été agitée par des secousses pendant plusieurs siècles (1). Von Hoff compare ce volcan au Stromboli dont l'activité, comme on le sait, est incessante.

Elle est marquée comme volcan sur la carte d'Hermann, et regardée comme telle par tous nos devanciers. Nous avons vu plus haut que de Humboldt reproche à Landgrebe de s'être trompé et d'avoir identifié ce volcan avec celui d'Iwo-sima. J'ai cru, toutefois, dans un travail du genre de celui-ci, le citer au moins pour mémoire.

Tous ces volcans, depuis l'Iwo-sima, se trouvent sur une même ligne, dirigée du sud-sud-est au nord-nord-ouest. La grande île Sikohf que nous avons citée sous la date de 684, ne paraît pas avoir de volcan actif. — Humboldt y admet un cratère éteint.

---

(1) Elle a été agitée par de fréquentes et violentes secousses. On n'y remarque plus rien de semblable aujourd'hui. (Charlevoix, *Histoire du Japon*, t. I, p 22. Paris, 1754, 6 vol. in-12).

Ile Niphon.

a). Le plus méridional des volcans de l'île Niphon, qui n'en contient que deux, est le volcan Fousi-jama, situé à quatre milles géographiques tout au plus de la côte méridionale, dans la province Sourouga et le district Fousi (lat. 35° 18', long. 136° 15'). La hauteur de ce volcan, mesurée, comme celle du Wunzen, par de jeunes Japonais, élèves de Siebold, atteint 3793 mètres ou 11675 pieds; il est ainsi près de 300 pieds plus haut que le pic de Ténériffe avec lequel Kæmpfer l'a déjà comparé. Le soulèvement de cette montagne conique, rapporté à la cinquième année du règne de Mikado VI (286 ans avant notre ère), est décrit en ces termes remarquables au point de vue géologique : « Une vaste étendue de terrain s'abaisse dans la contrée d'Omi; un lac se forme, et le volcan Fousi apparaît. » Les éruptions les plus caractéristiques qui se soient produites à partir de l'ère chrétienne sont celles des années 799, 800, 863, 937, 1032, 1083 et 1707. Depuis cette dernière époque, le volcan se repose *(Cosmos,* l. c.).

Berghaus le place par 34° 50' de latitude et 156° 42' de longitude. Landgrebe copie ces nombres.

b). Plus au nord est l'Asama-jama, le plus central des volcans actifs reculés à l'intérieur du pays. L'Asama-jama, situé dans le district Sakou de la province Sinano, par 36° 22' de latitude, 136° 18' de longitude, c'est-à-dire entre les méridiens des deux villes principales, Mijako et Jedo, est à vingt milles géographiques de la côte sud-sud-est, à treize milles de la côte nord-nord-ouest. En 864, l'Asama-jama eut une éruption en même temps que le Fousi-jama. Celle du mois de juillet 1783 fut plus violente et fut plus funeste qu'aucune autre. Depuis, l'activité de l'Asama-jama ne s'est point ralentie *(Cosmos,* l. c.).

Il est très-élevé, brûle depuis le milieu jusqu'à la cime et jette une fumée extrêmement épaisse. Il vomit du feu, des flammes et des pierres. Ces dernières sont poreuses et ressemblent à de la pierre ponce. Ce volcan couvre souvent toute la contrée voisine de ses cendres. Berghaus, qu'a copié Landgrebe, donne des coordonnées géographiques un peu différentes : 36° 12' de latitude et 156° 12' de longitude.

Dans la même province, il y a un lac spacieux nommé *Souwa-no-mitsou-oumi*, duquel découle la grande rivière Tenriou-gava. Le lac est au nord-ouest de la ville Taka-sima et reçoit un grand nombre de sources chaudes qui jaillissent dans les environs.

C'est dans le lac Mitsou-oumi que surgit, en l'an 82 av. J.-C., la grande île de Tsikou-bo-sima qui existe encore aujourd'hui.

« Outre les deux volcans actifs que nous venons de citer, Niphon renferme neuf cônes vraisemblablement trachytiques, qui suivent la direction du sud-ouest au nord-est, et dont les plus remarquables sont : Sira-jama ou la montagne Blanche, dans la province de Kaga, par 36° 5', qui, ainsi que le Tsjo-kaisan de la province Dewa (lat. 39° 10'), est considéré comme dépassant le Fousi-jama, plus méridional, qui s'élève déjà à plus de 11 600 pieds. Entre le Sira-jama et le Tsjo-kaisan est situé, dans la province Jetsigo, par 36° 55', le Jaki-jama ou Montagne des flammes. Les deux montagnes coniques les plus septentrionales qui s'élèvent sur les bords du détroit de Tsougar, en face de la grande Jezo, sont l'Ikawi-jama, par 40° 42' de latitude, le pic Tilésius de Krusenstern, à qui ses études sur la géographie du Japon ont créé un titre immortel à la reconnaissance des savants, et le Jake-jama ou Montagne brûlante, situé par 41° 20', à la pointe nord-est de Niphon, dans la province de Nambou. Cette montagne a vomi des flammes depuis les temps les plus reculés.' *(Cosmos, l. c.).* »

Cette dernière ligne suffirait pour faire ranger le Jake-jama au nombre des volcans actifs de l'île de Niphon ; mais il n'est pas le seul qu'on puisse ajouter aux deux qu'admet l'auteur du *Cosmos*.

Le Sira-jama ou Sira-yama, appelé aussi le Mont Blanc de Kaga, parce qu'il est couvert de neiges perpétuelles, est compté parmi les volcans de Niphon par Berghaus, Landgrebe et Hermann. Ces auteurs, non plus que de Hoff et de Buch, ne font mention ni du Tsjo-kaisan, ni du Jaki-jama. Mais ils signalent un autre volcan que je ne trouve pas indiqué dans de Hoff, ni dans de Humboldt, c'est le Tesan ou Jesan (1).

Le Jesan est situé sur la côte nord-est de Niphon, par 40°2' de latitude et 139°40' de longitude, à sept milles, dit-on, de Nambou. Il lance souvent des pierres ponces, quelquefois même très-loin en mer (Georgi, *Russ. Reise*, 1775, I, 4). Berghaus le regarde comme un volcan probablement très-actif et peut-être le même que le Sin-san de la carte de Krusenstern. Pour Klaproth, c'était le volcan le plus septentrional de Niphon.

Le pic de Tilesius, sur la côte nord-ouest de Niphon, par 40°37' de latitude et 137°50' de longitude, un peu au sud du détroit de Sangar, est une haute montagne, constamment couverte de neige. On n'en connaît pas d'éruption ; mais Tilesius et Krusenstern qui en ont donné une vue, l'ont classé parmi les volcans actifs. Quoique le Dr Tilesius lui donne toujours le nom de volcan, il pourrait bien se faire qu'il l'eût confondu avec la montagne Jesan (De Buch, l. c.).

Le Jake-jama est le plus septentrional des volcans de Niphon. Berghaus et Landgrebe le placent dans la province de Mouts ou Oosiou, entre Tanabe et Obata. Les voyageurs européens ne paraissent pas l'avoir vu en activité.

---

(1) Malgré la différence de près d'un degré en latitude, ne pourrait-on pas identifier les noms de Tsjo-kaisan, Tesan, Jesan et Sin-san ?

Ile Noki-sima.

Berghaus place cette île par 34°1'20" latitude nord, et 137°14' longitude est. Suivant lui, c'est cette petite île que Krusenstern a désignée sous le nom d'île du Volcan (Vulkan-Insel). Sur le prolongement de la ligne qui joint cette île à la suivante (Ohosima ou Oosima), se trouve, par 33°6' de latitude, l'île Fatsisio près de laquelle a, suivant Kæmpfer, surgi un îlot en 1606. (L. c., p. 725).

De Buch, de Hoff, Landgrebe et de Humboldt ne parlent pas de Noki-sima ; mais Hermann la représente sur sa carte, au sud-est de Fusi ou Fousi-no-yama.

Suivant de Buch, l'île nouvelle signalée par Kæmpfer serait probablement celle de laquelle Broughton vit se dégager des vapeurs en 1796 ; elle doit, dit-il, avoir à peu près trois mille pieds de hauteur et être située plus près de Jedo que de l'île Fatsisio. (L. c., p. 441).

Ile Coosima.

Les hautes montagnes qui traversent la province de Mouts et la séparent de celle de Dewa, contiennent plusieurs volcans. Elles se prolongent à travers le détroit de Sangar où deux de leurs sommets émergés forment deux petites îles volcaniques.

« L'une de ces îles, Coosima, dont la pointe seule s'élève au-dessus de la surface de la mer, et qui forme peut-être le plus petit volcan du monde, est une pointe de rocher ou un pic qui fume continuellement. Notre astronome, le Dr Horner, le mesura le 4 mai 1805, et trouva qu'il n'avait que 150 brasses au-dessus du niveau de l'eau. Il est situé à 41°21'30" lat. et à 220°14'45" de longit. (137°26' E. de Paris); entièrement nu, il est d'une couleur d'un brun foncé. Aucune herbe ne pousse sur ces roches de laves dont les morceaux, d'un rouge foncé et poreux, placés comme des terrasses en forme de marches les unes sur les autres et s'élevant sous forme d'amphithéâtre au-dessus de la mer, montrent évidemment leur nature.

» L'autre est Oosima, non loin de Coosima dont elle est probablement un des sommets; elle est située plus à l'ouest et est au 41°21'30'' lat. et au 220°14' long. (1). Elle est, sous tous les rapports, semblable à la première, et la vue, à l'aide du télescope, montre la même composition de ses roches, les mêmes couleurs et la même stérilité. Nous passâmes au milieu de ces deux îles qui ne sont entre elles qu'à la distance de six milles anglais seulement. La profondeur du passage est incommensurable; et, en effet, quoique nous sondâmes avec beaucoup de soin pendant toute sa longueur, nous ne pûmes trouver de fond avec une ligne de 100 brasses. Ainsi donc, ce n'était que les sommets des volcans que nous vîmes. Nous observâmes aussi dans cet endroit un courant d'une force extraordinaire, et au moment où nous fûmes sortis du canal, un calme plat prit sa place, de telle sorte que nous nous confiâmes nous-mêmes au courant, et notre vaisseau, le *Nadeschda*, fit voile trois fois autour du petit volcan de Coosima, et, si près de lui, que j'ai pu le dessiner à mon aise de quatre côtés, pendant notre circum-navigation, et que j'ai pu voir, du haut du mât, dans l'intérieur du cratère et les autres ouvertures de la montagne.

» J'ai pu, dans l'espace d'une heure et demie, monter au sommet et le tourner dans tous les sens, tant les circonstances furent favorables; mais nous fûmes effrayés des coups de vent qui pouvaient survenir, et que, dans ce cas, un bateau ne put être mis à l'eau pour moi. J'étais cependant souvent si

______

(1) Landgrebe indique 41° 31' lat. N. et 136° 59' long. E. de Paris.

voisin de la roche, que j'aurais pu, avec une grande faci-
lité, jeter une pierre dessus du haut du mât, et que j'aurais pu distinguer, à la simple vue, tous les morceaux les
plus petits, les masses roulées, les scories, les pierres
ponces et les matériaux brisés de sa composition. Le bord
du cratère avec les autres soupiraux étaient entièrement
dans la fumée. La couleur de celle-ci était d'un blanc d'argent *(silber weiss)*, et çà et là, une flamme d'un blanc de soufre sortait à la surface. Un côté du cratère, dans lequel je suis
tombé, était rempli de morceaux de pouzzolane rouge. Les cavités qui se trouvaient entre les roches séparées étaient traversées de toutes parts par des soupiraux dont l'activité se
continuait sur la surface de la mer. On pouvait encore voir
plus distinctement la lave ancienne près du niveau de la mer
et au pied du roc ou du pic qui s'élevait en forme d'amphithéâtre et qui était disposé en terrasses par des marches et
des degrés. Le bord de ces lits et les courants de lave endur-
cie dont ces degrés étaient formés se montraient détériorés ou
fracassés par l'action constante des vagues de la mer. Leur
couleur était d'un brun rouge et ils étaient poreux.

» Ces volcans sont abandonnés et inhabités, et si nus que
pas même un brin d'herbe ne pousse à leur surface. » (1).

Ilè **Ohosima.**

« L'île Ohosima ou de Barneveld (île de Vries de Krusenstern) fait partie de la province Idsou, dans l'île de Niphon, et
est située devant la baie de Wodawara, par 34° 42' latitude
nord et 157° 4' longitude est. Broughton a vu, en 1797, de la
fumée sortir du cratère ; une éruption très-considérable avait
eu lieu peu de temps auparavant. Ohosima est le point de dé-

---

(1) Le Dr Tilesius, naturaliste de l'expédition de Krusenstern, *Journal de Physique*,
1820, t. 91, p. 113-114.

part d'une rangée d'ilots groupés dans la direction du sud jusqu'à Fatri-sjo, par 33° 6' de latitude nord, dont l'axe se prolonge jusqu'aux îles Bonin, situées elles-mêmes par 26° 30' lat. nord et 159° 45' long. est (*Cosmos*, l. c.).

Berghaus et Landgrebe placent cette île, qu'ils écrivent Oo-sima, au nord de Niphon, par 41° 31' 1/2 de latitude et 136° 59' de longitude, un peu au SO de la suivante. Hermann la place, comme Humboldt, sur la côte orientale de Niphon, au nord-nord-est du Fusi. De Buch n'en parle pas.

Ile Jezo.

« La grande île Jezo, située entre 41° 30' et 45° 30' de latitude, de forme très-rectangulaire dans sa partie septentrionale, et séparée de l'île Niphon par le détroit de Sangar ou Tsougar, de l'île de Karafto (Karafou-to) par le détroit de La Pérouse, ferme avec son cap nord-est l'archipel des Kouriles. Mais à peu de distance du cap Romanzow, qui forme l'extrémité nord-ouest de l'île, et s'avance un degré et demi de plus vers le nord dans le détroit de La Pérouse, est située, par 45° 11', une montagne volcanique, appartenant à la petite île Risiri, le pic de Langle, haut de 5020 pieds.

» Jezo elle-même paraît être traversée par une chaîne volcanique, depuis la baie de Broughton jusque vers le cap nord ; fait d'autant plus remarquable que, dans l'île étroite de Krasto, qui n'est autre que le prolongement de Jezo, les naturalistes attachés à l'expédition de La Pérouse, ont trouvé la baie de Castries jonchée de laves rouges, poreuses, et de scories.

» Siebold compte, dans l'île Jezo, dix-sept montagnes coniques qui, pour la plupart, paraissent être des volcans éteints. Le Kiaka, nommé par les Japonais Ousouga-take, c'est-à-dire Montagne-du-Mortier, à cause de la dépression profonde du cratère, paraît être encore enflammé, ainsi que

le Kajo-hori ; du moins le Commodore Perry a vu, de la baie
des Volcans, deux montagnes volcaniques , situées près du
port Endermo, par 42° 17' de latitude.

» La haute montagne de Manye, désignée par Krusenstern
sous le nom de Pallas , est située au milieu de l'île Jezo, par
44° de latitude environ, un peu à l'est-nord-est de la baie
Strogonow. » (*Cosmos,* l. c., p. 414).

On aurait ainsi quatre volcans dont le premier, le pic de
Langle, ne serait pas sur l'île Jezo.

De Buch en place deux dans le voisinage de la ville de
Chacodade, située, suivant le lieutenant Maury, par lat. 41°
48' 30" N. et long. 140° 47'15" E. de Green. M. le Dr Albrecht
(voy. plus loin à l'année 1859) ne parle que d'un seul, situé
à 50 verstes au nord et de 3169 pieds de hauteur. Il n'en
donne pas le nom. Voici ce que dit de Buch (l. c., p. 443):

« Volcan de l'île de Matsmai, à quatre milles à l'est de
Chacodade. Broughton a vu une grande masse de fumée s'é-
chapper du flanc nord de cette montagne. (*Voy. to the north
Pacific Ocean,* 1804, p. 94). Lat. 42° 50', long. 138° 49' 33" E.
de Paris.

» Volcan à quatre milles au nord de Chacodade. Lat. 42° 6',
long. 138° 19' 33" E. de Paris. C'est le volcan le plus au nord
de l'île. (Ricord, *Plan des Hafens von Chacodade in Golownins
Gefangenschaft*, II , 236. Broughton, p. 102). » — De Buch
ajoute immédiatement (l. c., p. 414) :

« Volcan au nord de Vulcans-Bay, dans l'île de Matsmai,
sur la côte sud-est de Bay-Strogonof. Krusenstern l'a remarqué auprès du pic élevé et fort étendu de Rumofsky. C'est
probablement le troisième des volcans observé par Broughton
(l. c., p. 104). »

Ces trois volcans, au premier desquels de Buch donne une
latitude trop forte d'un degré, se trouvent près de la baie
d'*Outchi-oura*, nommée Baie-des-Volcans (Volcano-Bay) par

Broughton. La pointe Endermo de cette baie est fixée, d'après ce navigateur, par lat. 42° 19' 29" E. et long. 138° 47' 12" E. dans la *Connaissance des Temps.*

Voici les noms que leur donne Berghaus, dont la science et l'exactitude sont connues, et les positions qu'il leur assigne.

Utschi-oura-yama, par 41° 50' lat. N. et 138° 50' long. E.

Oo-ousou-yama, par 42° 0' lat. et 138° 50' long.

Ousou-ga-dake, par 42° 27' lat. et 138° 48' long. C'est la plus haute des trois montagnes. — Landgrebe a copié Berghaus. Hermann me paraît les avoir mal placés sur sa carte.

Au nord-est de la baie d'Outchi-oura, il y en a une autre également très-profonde, appelée baie de Strogonoff, sur la côte S.-E. de laquelle s'élève le volcan *Yuuberi* ou *Yououberi*, ou bien encore *Ghin-san* (Mont d'Or), qui est vraisemblablement celui que Krusenstern a vu sur la côte occidentale de Jezo. Sa latitude est d'environ 45° 3/4 et sa longitude 139°.

La côte orientale est tout-à-fait inconnue; l'on peut supposer avec M. de Buch qu'il s'y trouve encore des bouches volcaniques, mais elles n'ont pas été observées, ni même aperçues. A la pointe septentrionale de Jezo s'élance un pic qui n'a pas moins de 1651^m de hauteur (5020 pieds, suiv. Horner; c'est le *pic Langle* que M. Berghaus place par 45° 11' de latitude. Son activité volcanique est plutôt supposée (mais avec vraisemblance) que démontrée. J'en dirai autant du pic de Tschikotan ou Tschikitan (île Spanberg), par 45° 53' lat. N. et 144° 25' long. E., que Golownin ne donne pas comme un volcan, non plus que le pic Antoine ou *Tschatschanaburi* (par 44° 31' et 143° 26') sur l'île *Kunaschir*.

Presqu'île de Corée.

« Malgré l'analogie de configuration entre la presqu'île du Kamtschatka et celle de Corée, Corea ou Corai, qui, sous les parallèles de 34° et de 34° 30', se relie presque avec l'île de Kiou-siou, par les îles de Tsou-sima et d'Iki, on n'a découvert jusqu'ici aucun volcan dans la partie continentale de cette presqu'île. L'activité volcanique de cette contrée paraît s'être circonscrite dans les îles voisines. Ainsi, en 1007, on vit surgir du fond de la mer le volcan Tsinmoura que les Chinois appellent Tanlo. Un savant, Tien-kong-tschi, fut envoyé pour décrire le phénomène et en tracer l'image. C'est surtout dans l'île Sche-soure (le *Quelpaerts* des Hollandais), que les montagnes affectent partout une forme conique. D'après La Pérouse et Broughton, la montagne centrale atteint une hauteur de six mille pieds. Combien d'éléments volcaniques ne restent pas à découvrir dans cet archipel occidental, dont le chef, qui est en même temps roi de la presqu'île de Corée, s'intitule souverain de dix mille îles. » (*Cosmos*, l.c., p. 419).

Belcher a visité l'archipel de Corée en 1845. « Les caractères géologiques de l'île Beaufort (lat. 33° 29' 40" N. et long. 126° 53' 5" E. de Gr.) sont, dit-il, bien décidément volcaniques; la côte sud est tout entière formée, soit d'un basalte grenu, gris ou verdâtre, soit d'un tuf scoriacé. L'aspect du pic le plus élevé offre, lorsqu'il est dégarni de nuages, la lèvre ou l'orle d'un petit cratère qui, à en juger par l'abondance des arbres qui s'élèvent jusqu'au bord, semble être depuis longtemps endormi. » (L. c., p. 351).

« Sur la côte de Corée s'élèvent des pics escarpés, composés accidentellement de granite et quelquefois d'un basalte légèrement gris. La végétation qui les recouvre est, en général, faible et maigre.

» L'Abbey Peak, sur lequel je suis monté, est couvert d'une végétation luxuriante du nord au sud, mais le sommet se termine brusquement à l'ouest et forme une falaise abrupte entièrement composée de minces colonnes basaltiques qui présentent l'aspect le plus fantastique. » (*Ibid.*, p. 353 et 354.)

« L'île *Quelpart*, à l'ouest du Japon, dit M. Adams, naturaliste de l'Expédition, est couverte d'innombrables montagnes coniques, dont plusieurs portent à leur sommet d'anciens cratères éteints. La plus haute se dresse au milieu de l'île comme un géant dont la tête se cache dans les nuages. » (*Ibid.*, t. II., p. 450.)

DEUXIÈME PARTIE.

—

CATALOGUE DES SECOUSSES.

L'an 284 av. J.-C., le lac et la rivière d'Oomi, dans la province de ce nom, se formèrent tout à coup et en une seule nuit. Cette croyance des Japonais leur rend cette rivière sacrée.

M. de Humboldt qui donne la date de **285**, ajoute que dans le même moment, le Fousino-yama, dans la province de Sourouga, qui est la plus haute montagne du Japon, s'éleva du sein de la terre (*Fragments asiatiques*, p. 223). C'est là le plus ancien phénomène volcanique connu. Le premier qui le suit date de l'ère chrétienne.

An 94. — Une île sortit de la mer, près du Japon. Elle fut nommée Tsikubasima et consacrée à Nébis, dieu de la mer, auquel on éleva un temple qui devint célèbre. On dit que cette île a toujours été à l'abri des tremblements de terre. On dit la même chose de la petite île de Gotto, et le P.

Charlevoix accorde le même avantage à la montagne de Kojasan *(Hist. du Japon*, t. 1, p. 22). (1).

M. de Humboldt (l. c.) qui écrit Tsikou-bo-sima, île grande et qui existe encore, dit qu'elle sortit du fond du lac *Mitsououmi* (le même que celui cité à l'an 285), et donne la date de 82 av. J.-C.

600. — Tremblements terribles et universels au Japon ; un grand nombre d'édifices furent renversés et engloutis.

684. — 14e jour du 10e mois, tremblement violent. M. de Humboldt indique la province de *Tosa* qui forme l'angle SO de la grande île de Sikokf, comme ayant été dévastée ; la mer engloutit plus de 500 000 acres de terrain labourable.

764. — Dans la province la plus méridionale du Kiou-siou, nommée Satsouma, trois nouvelles îles sortent du fond de la mer qui baigne le district de Kaga-sima ; elles sont à présent habitées. (Humboldt, l. c.)

799. — Eruption du Fousi-no-Yama, qui dura depuis le 14e jour du 3e mois jusqu'au 18e jour du 4e mois ; elle fut épouvantable, les cendres couvrirent tout le pied de la montagne et les courants d'eau du voisinage prirent une couleur rouge.

800. — Nouvelle éruption de ce volcan ; elle eut lieu sans tremblement de terre. *(Ibid.)*

854. — Au Japon, grands tremblements, dont un qui arriva

---

(1) Les phénomènes de ces premiers siècles, pour lesquels je n'indique pas de source, sont empruntés à l'*Histoire* ou *Table chronologique des Dairys*, qui se trouve dans le 1er volume de Kœmpfer et dans le 2e du P. Charlevoix. Les dates y sont seulement indiquées comme se rapportant à la n^e année de tel règne qui a commencé à l'an *p* de J.-C.; je les calcule en ajoutant *n-1* à *p*.

le 5 du 5e mois, fit tomber la tête du grand Daibots ou idole de Siaka, dans son temple à Miaco.

863. — Dans le 6e mois, et

864. — Dans le 5e mois, nouvelles éruptions du Fousi-no-yama ; elles furent précédées de tremblements de terre. La dernière fut très-violente ; la montagne brûla sur une étendue de deux lieues géographiques carrées. De toutes parts les flammes s'élevèrent à la hauteur de douze toises et furent accompagnées d'un bruit de tonnerre effroyable. Les tremblements de terre se répétèrent trois fois et la montagne fut en feu pendant dix jours ; enfin sa partie inférieure creva, une pluie de cendres et de pierres en sortit, tomba en partie dans un lac situé au NO et fit bouillonner ses eaux, de sorte que tous les poissons y moururent. La dévastation se répandit sur une étendue de trente lieues ; la lave coula à une distance de trois à quatre et se dirigea principalement vers la province de Kaï (Humboldt, l. c.). Il cite l'Asama-jama (*Cosmos*, IV, 416) qui eut une éruption simultanée.

933. — Le 27 du 7e mois, furieux tremblement au Japon.

937. — Le 15 du 4e mois, autre tremblement.

La même année, éruption du Fousi-jama, le même que le précédent. (*Cosmos*, t. IV, p. 416.)

1007. — La dixième année du règne de *Mou-song*, roi de Corée, qui répond à la 4e année de *King-té* de la dynastie des Song (l'an 1007 de J.-C.), il y eut une montagne qui s'élança du fond de la mer, au sud de la Corée. Lorsqu'elle commença à surgir, des nuages et des vapeurs répandirent une obscurité profonde ; la terre trembla avec un bruit semblable au tonnerre. Au bout de sept jours et de sept nuits l'obscurité commença à se dissiper. Cette montagne était haute d'environ 100 *tchang* (1000 pieds); elle pouvait avoir environ 40 *lis* (4 lieues) de circonférence. On n'y voyait ni plantes, ni arbres. Une fumée épaisse enveloppait son sommet. De loin, elle ressemblait à une masse de soufre. L'empereur envoya un savant, nommé Thien-kong-tchi, pour l'examiner. Arrivé au bas de la montagne, il en fit le dessin et le présenta ensuite à l'empereur (Stanislas Julien, dans les *Comptes rendus*, t. X, 1840, p. 835).

1032. — Eruption du Fousi-jama. (*Cosmos*, IV, 416).

1041. — Le 1er du 1er mois, tremblement furieux au Japon.

1083. — Eruption du Fousi-jama. (*Cosmos*, IV, 416).

1158. — 8e mois, grand tremblement.

1239. — L'une des plus mémorables éruptions du Sira-yama ou Kosi-no Sira-yama, ou Mont Blanc de Kaga, au Japon (Humboldt, l. c.)

1267. — Le 23 du 2e mois, grand tremblement. De Hoff donne la date de 1258.

1307. — 8e mois, fort tremblement.

1336. — 8e mois, grands tremblements.

1402. — Tremblements pendant tout l'hiver.

1404. — A Nasno (prov. de Simotski), une montagne commença à brûler et à jeter des pierres et des cendres; mais la flamme cessa peu de jours après.

1405. — Eruption dans l'île de Niphon, suivant Kéferstein.

1407. — Automne pluvieux, ensuite tremblements de terre.

1466. — Plusieurs tremblements, particulièrement le 29 du 12e mois.

1494. — Le 7 du 8e mois, autre grand tremblement.

1510. — Plusieurs tremblements désastreux. — Kéferstein cite l'année 1511, mais ne parle pas de 1510.

1543. — Le 25 septembre et le 2 octobre, plusieurs volcans étaient en éruption dans l'archipel de Magellan (îles Bonin).

« En cette année, D. Antonio de Mendoça, vice-roi du Mexique, envoya une flotte à Mindanao, sous le commandement de Rui de Lopez. Après avoir visité les Philippines, cet amiral renvoya un nommé Barthélemi de Torre, sur un petit bâtiment, pour rendre compte de sa mission au vice-roi.

» Le 25 septembre, B. de Torre vit certaines îles qu'il nomma *Malabrigos.* Plus loin, il découvrit *Las dos Hermanas* (les deux Sœurs), et au-delà quatre autres îles qu'il appela *los Volcanes* (les Volcans).

» Le 2 octobre, il vit l'*île Farfana,* au-delà de laquelle s'élevait un rocher pointu qui vomissait du feu en cinq places). » (1).

Cet archipel est peu connu. Il y a une île désignée sous le nom d'*île du Soufre,* et une autre sous celui de *Volcano.*

1554. — Eruption du volcan Kosi-no-sira-yama, au nord du lac Mitsou-oumi et des provinces d'Oomi et d'Ietsisen. La plus mémorable éruption de ce volcan qu'on appelle aussi le Mont Blanc de Kaga est, avant celle-ci, celle de 1239. (Humboldt, *Fragm. asiat.*, p. 229; Klaproth, dans les *Nouv. Ann. des Voyages,* nov. 1830, p. 314.)

1556. — Tremblement au Japon. En 1557, pluies de pierres aux environs de Meaco.

1584. — Tremblement au Japon.

---

(1) Purchas, *His Pilgrimes*, t. II, liv. X, Ch. 2, p. 1696. London, 1625, 4 vol. in-fol. Il cite Ramusio que j'ai vu et qui n'apprend rien de plus. Aucune île n'y est nommée.

1585. — 4 septembre, à minuit, la ville d'Osacca a reçu de furieuses secousses d'un tremblement de terre qui fut si terrible, qu'on eust dit que la dernière ruine du monde estoit venue. On vit en une demi-heure une infinité de maisons bouleversées jusques aux fondements, et les gens écrasez par centaines sous les ruines. Les principaux édifices furent les premiers renversez et entr'autres l'ouvrage ou le bastiment le plus beau qu'il y ait jamais eu sous le ciel, lequel avoit esté basti par *Tayco-sama* et qui estoit entouré de galeries si spacieuses, qu'on y pouvoit ranger 150 000 hommes en ordre de bataille. Il avoit achevé cette merveille du monde, dans le temps qu'il attendoit une fameuse ambassade de la Chine, à qui il vouloit faire montre et parade de la puissance de son empire, par un si superbe et si merveilleux bastiment (*Ambassades mémorables de la Compagnie des Indes orientales des Provinces-Unies vers les Empereurs du Japon*, I, 68. Amsterdam, chez Jacob de Meurs, 1680, en 2 parties in-fol.)

1586. — Au Japon, tremblement le plus violent qu'on y ait jamais ressenti. Les secousses ne finirent qu'après quarante jours et s'étendirent depuis la province de Sacaja jusqu'à Miaco. Il renversa soixante maisons dans la ville de Sacaja. Nagafama, qui est une petite ville d'environ mille maisons dans le royaume d'Oomi, fut à moitié engloutie, et l'autre moitié fut consumée d'un feu qui sortit de la terre. A Miaco, plusieurs maisons furent ruinées, avec un fameux temple des idoles. Dans la province de Facata, il y avait une petite ville fort fréquentée par les marchands, et appelée aussi Nagafama par les habitants, qui après avoir souffert d'horribles secousses pendant plusieurs jours, la mer s'enfla tellement que l'impétuosité des flots jeta les maisons par terre et les entraîna dans la mer, engloutit tous les habitants et ne laissa pas la moindre trace d'une ville si riche et si

marchande, hormis l'endroit où était le château, et encore
était-il sous l'eau. Il y avait une forteresse dans le royaume
de Mino, située sur une haute montagne ; après plusieurs
violentes secousses, la terre s'étant entr'ouverte, engloutit la
montagne et la forteresse, et un lac parut au lieu où elle était.
La même chose arriva dans la province d'Ikeja. Il y eut en
divers endroits du Japon des gouffres et des ouvertures de
terre si larges et si profondes qu'un mousquet ne portait pas
d'un bout à l'autre ; et il en sortait une odeur si mauvaise que
les voyageurs n'osaient pas passer vers ces endroits-là. Lorsque ce tremblement commença, Quabacunduno (appelé ensuite Taicosama) était à Sacomot, dans le château d'Achec ;
mais la peur qu'il eut le fit retourner en poste à Osacca, où
il se croyait plus en sûreté ; ses palais souffrirent de furieuses
secousses, mais ils ne furent pas néanmoins renversés.
(Kæmpfer, *Hist. du Japon*, trad. française, t. I, p. 90, d'après
une lettre écrite le 15 octobre 1586, de la province de Na-
gatta, par le P. Froës, et insérée dans le *Recueil de Rebus
Japonicis du P. Hay)*. L'auteur donne ailleurs (p. 167) la date
du 29 du 12° mois, et dit que les secousses *continuèrent presque
un an entier.* Il indique 1585.

Gueneau de Montbeillard donne la date mensuelle de
septembre ou octobre (*Coll. acad.*). Von Hoff donne celle de
septembre, d'après le baron Zach, *Corresp. ast.*, t. X, p. 472.
Voyez encore *Hist. gén. des Voyages*, t. X, p. 652 ; Bertho-
lon, *Hist. des Météores*, t. I, p. 364 ; Charlevoix (l. c.). *Bonito,
Terra tremante ; Bollandistes*, au 5 février.

1595. — Le 6 août, tremblement à Méaco ; la ville fut ruinée.
(Von Hoff, d'après Dan. Bart Asia, p. II, l. II ; Vivenzio, p. 17,
même source).

1596. — Le 22 juillet, au Japon, tremblement qui détruisit les
villes d'Ochinofama, Famaoqui, Ecuro, Fingo et Cascicanaro.

La mer s'avança fort avant sur les terres qu'elle dévasta en se
retirant. Des vaisseaux furent engloutis dans les ports. Les
secousses eurent lieu immédiatement après une pluie de
cendres, de sable rouge et d'une matière qui ressemblait à
des cheveux de femme. (Coll. Acad.; *Hist. des anc. révolutions du globe* (Krueger, Amsterdam, 1752), d'après Purchas,
liv. V, chap. 6, p. 599; V. Hoff cite Zappel; Kæmpfer, l, c.,
renvoie au P. Hay).

1596. — 30 août, vers 8 heures du soir, tremblement qui
causa de grands ravages dans presque tout le Japon. Il
recommença le 4 septembre et redoubla d'une si étrange manière, qu'encore qu'il n'eut duré qu'une demi-heure, à différentes reprises, tous les palais que l'empereur a fait construire à Ozaca, où le tremblement fut plus sensible, furent
renversés, et ce qui augmenta considérablement l'horreur
du désastre, c'est qu'en plusieurs endroits on entendit sous
terre des mugissements, des coups semblables à ceux du
tonnerre et comme le bruit d'une mer extraordinairement
agitée.

Le lendemain, à 11 heures de la nuit, le ciel étant fort serein, il survint un troisième tremblement dont les deux premiers ne semblaient avoir été que les préludes; il fut aussi
accompagné de cris, de hurlements et d'un bruit semblable
à des décharges de canon. Il s'étendit fort loin; quantité de
villes furent entièrement renversées, et surtout celle de Fu-
cimi. Il ne resta du palais de Tayco-sama, que la cuisine, où
il se sauva presque nu, portant son fils entre ses bras.
Sept cents de ses concubines furent écrasées sous les ruines.
Le nombre des autres personnes qui eurent le même sort
dans toute l'étendue de l'empire est incroyable : mais on
prétend, *c'est qu'il n'y périt aucun chrétien;* ce qui est certain,
c'est que toutes les maisons d'un côté d'une rue étant tombées à Sacai, celle d'un chrétien nommé Roch, où l'on avait

coutume de s'assembler pour la prière et pour traiter des affaires de religion, resta seule sur pied et ne reçut aucun dommage.

L'empereur, qui avait passé la nuit dans de grandes alarmes, se retira le lendemain sur la hauteur voisine, d'où, considérant les tristes effets du terrible accident, il s'écria, dit-on, que Dieu le punissait, avec justice, d'avoir entrepris ce qui était au-dessus d'un mortel. Les crevasses qui parurent en plusieurs endroits, dans la campagne, et les secousses qui continuaient à se faire sentir de temps en temps, obligèrent ce prince à demeurer quelque temps dans une cabane de jonc, qu'il se faisait dresser tantôt dans un endroit, tantôt dans un autre (1).

Mais ce qui causa les plus grands ravages, ce fut un gonflement de la mer dans le détroit qui sépare le Nipon et le Ximo, et sur lequel est bâti le fort de Ximonoseki ; il fut si extraordinaire que tout le pays fut inondé jusqu'à Méaco d'une part, et de l'autre, jusqu'à l'extrémité du Bungo et à Facata. On remarqua encore que dans une ville du Bungo nommée Voquinosama, où il n'y avait qu'un chrétien, il fut le seul qui se sauva, et que la forteresse qui y avait été bâtie depuis peu, ou réparée en partie des débris des églises de Fucheo, fut entièrement détruite. La plupart des temples de Méaco, de Jesan et les plus célèbres sanctuaires du Japon furent pareillement renversés, et il périt un très-grand nombre de Bonzes sous les ruines de leurs monastères. On ajoute que le petit lac de Jesan inonda aussi tous les pays circonvoisins ; qu'il parut agité comme la mer pendant une violente tempête, et que partout où l'eau se répandait, on la voyait

----

(1) L'auteur dit un peu plus loin que l'empereur réunit sa cour le 29 septembre à Ozaca, qui avait horriblement souffert du tremblement. Néanmoins, le 21 octobre suivant, il y eut de grandes fêtes pour une réception d'ambassadeurs.

bouillonner, comme si elle eût passé sur une terre embrasée (Charlevoix, *Hist. du Japon*, t. IV, p. 20-22 ; Balaguer, p. 47.)

Dans l'*Hist. de la Comp. de Jésus*, au Japon ; le P. D. Bartoli donne la date du 22 juillet pour la date de la pluie de cendres, de sable, etc., et celle du 6 août, pour le commencement des secousses qui se renouvelèrent pendant un mois.

— Le 4 septembre, à Meaco, nouvelles secousses pendant trois heures. (Vivenzio, l. c.).

1596. — Tremblement si furieux que la moitié de la ville de Piongo en fut abysmée, maisons, temples et gens furent ensevelis dans un horrible gouffre, et le reste bouleversé d'une manière, qu'à peine y voit-on encore aujourd'hui quelques ruines, par un exemple du jugement redoutable de la majesté divine.

Il n'y a rien de plus commun dans le Japon et dans l'Amérique, que les tremblements de terre. (*Ambassades mémorables*, déjà citées, I, 77. Amsterdam, Jacob de Meurs, 1680, fol.).

On y lit plus haut, p. 52 : « Les maisons y sont chétives, quarrées, et aussi hautes que larges, à cause des tremblements de terre, qui sont fort ordinaires dans le Japon... Les bastiments de pierres y sont fort rares ; parce que les tremblements de terre les renversent aussitôt. »

Et encore : « Mais le Japon a toujours été le païs du monde le plus affligé des tremblements de terre. » (L. c. p. 78).

En 1596, Linschoten fait mention de l'île Iwo-sima ; elle renferme un volcan qui, dit-il, est une montagne de soufre ou de feu. (*Cosmos*, t. IV, p. 416, où De Humboldt rappelle encore que *Sima* signifie île, et *Iwo* soufre.

1598. — Au Japon, fortes secousses pendant un mois entier. (Von Hoff, d'après Kæmpfer, p. 237). C'était la 11ᵉ année de l'empereur qui commença à régner en 1587. Kæmpfer (édition française, p. 168) donne la date du 12e jour du 7e mois.

1606. — Tremblement au Japon. Près de l'île de Fatsisio, il s'en éleva une nouvelle pendant la nuit. (V. Hoff, même source). Kæmpfer donne la date du 15e jour du 12e mois de la 19e année du règne de l'empereur, pour l'apparition de l'île nouvelle ; il ne parle pas du tremblement de terre. (L. c. p. 168).

1615. — Au Japon, tremblement violent. (V. Hoff, même source). Kæmpfer (l. c. p. 169) donne la date du 25e jour du 10e mois de la 3e année de Daiscokwo, qui commença à régner en 1612.

1616. — Au Japon, tremblement très-désastreux. (V. Hoff cite Montanas, *Japonische Gesandtsch.*, p. 205, et fait observer que ce phénomène est peut-être le même que le précédent).

1637. — Le 17 octobre, le jésuite Marcello Martrillo, eut la tête tranchée à Nangasachi, après des supplices infinis, suivant la prédiction qu'il en avait faite ; suivit aussitôt un grand tremblement de terre. (Bonito cite Girardi, auteur du *Diar.* à la date du 17 octobre).

1643. — Fin septembre. Durant qu'ils (Schæp et Bylvelt, détenus par les Japonais) tremblaient au-dedans, un tremblement de terre les faisait trembler au dehors. Au plus fort de leur peine, les murailles de leur logis s'ébranlèrent à vue d'œil, les poutres craquèrent, le toit tomba, les portes et les fenêtres sautèrent de leurs gonds, la terre frémit sous leurs pieds, en un mot, tout changea de place.

Les Japonais tâchèrent de leur faire croire que ce que la terre tremblait, c'était qu'un grand monstre marin frappait le rivage de sa queue, et qu'autant de fois qu'il le faisait, tous les lieux d'alentour tremblaient. Lorsque ces tremblements arrivent, toute cette nation est furieusement consternée ; aussi ont-ils de tristes expériences de ces funestes accidents qui ont abîmé des montagnes, renversé villes et villages, et ruiné de fond en comble des provinces toutes entières. A ce spectacle, les Hollandais élevèrent leur cœur à Dieu, priant sans cesse dans un temps où ils avaient à craindre d'être écrasez à tout moment sous la chute de la maison. Craindre dans ces rencontres n'est pas une terreur panique, ni une marque de faiblesse. Il n'en est pas des tremblements de terre comme des autres maux auxquels les hommes sont sujets ; il est quelque ressource aux autres, mais quel remède à celui-cy? et qui pourrait cesser de craindre en voyant trembler sous ses pieds le fondement de toutes choses ? On a des fossez, des remparts, et cent autres moyens de défendre à un ennemi l'entrée des villes et des forteresses. On trouve des ports dans les tempêtes ; on peut fuir les embrasements quelque grands et imprévus qu'ils soient. Enfin, la peste, ce redoutable fléau des hommes, dépeuple bien des villes, mais elle ne les engloutit pas ; au lieu qu'un tremblement de terre peut abîmer montagnes, villes et provinces, et une infinité de peuples sans qu'il en reste aucun vestige.

Quelque frayeur qu'eussent les Hollandais, elle n'était point si mortelle que celle des Japonais. La confiance qu'ils avaient en Dieu les fortifiait, de sorte qu'ils en étaient plus intrépides. D'ailleurs, leur vie était si traversée, l'état où ils se trouvaient, si fragile et si misérable, que rien ne les touchait.....

Ce tremblement ayant commencé vers le soir, dura bien quelques heures, mais il ne fit point de ravages qui fût comparable aux précédents ; car il arrive très-souvent que la terre s'ouvre en ces rencontres, et qu'après avoir abîmé villages, villes et montagnes, elle ne se referme plus. Il arrive, dis-je, dans ces tremblements, que les rivières changent de lit, ou qu'elles ne paraissent plus. Que l'eau des fontaines change de nature, de chaudes devenant froides, ou de froides devenant chaudes. Que des montagnes vomissent des torrents de flammes au lieu qu'on n'en voit plus dans celles qui en jetaient auparavant. Que les montagnes sont aplanies, et que les plaines deviennent montagnes. En un mot, que la mer ou jette les îles en terre ferme ou les abime, en sorte qu'à peine connaît-on en quel endroit elles ont été. (Jacob van Meurs, *Ambass. mém. au Japon*, II, 24-25).

A ce récit est joint une gravure curieuse ($0^m,31$ de largeur et $0^m,23$ de hauteur), représentant un tremblement de terre à Jédo, *Aertbeevinge tot Jedo*.

Le tremblement a eu lieu entre le **23** septembre et le **8** octobre. C'est ce que prouvent ces deux dates signalées dans le récit avant et après le tremblement.

1643. — Le **7** décembre. A Jedo, grand tremblement de terre, semblable au précédent et qui fit les mêmes effets. Comme les suites n'en furent pas plus dangereuses, sans nous arrêter à les rapporter, nous dirons en passant qu'au sentiment des philosophes, *ces tremblements sont plus funestes en automne et au printemps qu'aux autres saisons*. La raison qu'ils en donnent, c'est qu'alors tout est plein de vapeurs et d'exhalaisons, toutes propres à être agitées ; au lieu qu'en été les pores de la terre étant ouverts, les vents en sortent librement ; et s'ils ne le peuvent en hiver, à cause du froid extérieur, la chaleur est alors trop faible pour ébranler la terre avec cette impétuosité dont nous avons parlé.

Outre cette remarque, on en a fait encore une autre qui n'est pas moins plausible, sçavoir : qu'il y a d'ordinaire trois sortes de tremblements. Le premier et le plus funeste, est celui qui donne à la terre de si rudes secousses, qu'elle s'entr'ouvre quelquefois assez pour abîmer les villes, les isles et les provinces toutes entières. Les Japonais ont fait souvent cette triste expérience et ils ont toujours devant les yeux de vastes campagnes toutes désertes, des lacs, des rivières et des mers, où il y a eu autrefois des peuples renommez. La seconde sorte de tremblement, c'est quand la terre se meut d'un mouvement contraire, c'est-à-dire de haut en bas et de bas en haut en même temps, et c'est alors que chaque chose sort de sa place, et que les plus forts bâtiments sont renversez de fond en comble. La troisième manière, et qui est aussi la plus douce, c'est quand le tremblement ressemble au branle d'un vaisseau que la mer soulève et abaisse successivement et par reprises.

Les signes qui précèdent ces trois sortes de tremblements, sont d'ordinaire : premièrement, un calme général, parce qu'alors les vents plus froids qu'ils ne doivent être, resserrent les pores de la terre, en sorte que les exhalaisons qui y sont enfermées n'en peuvent sortir qu'avec violence; secondement, dans ce grand calme la mer fait un bruit effroyable, et enfin l'eau des puits jette une très-mauvaise odeur et a un goût comme de souphre. M. Vossius infère de ce dernier signe, que la cause du tremblement est un feu souterrain, lequel, agissant sous des montagnes, sous des isles, sous des mers, ébranle des provinces et des royaumes tout entiers; et ceux qui y ont pris garde, ont éprouvé que la terre n'exhale alors que des vapeurs chaudes et soulphrées, c'est pourquoi ce n'est pas merveille que l'eau des puits et des fontaines en ait le goût. C'est par le moyen de ce signe qu'un ancien philosophe (Pherecides), prédit aux Lacédémoniens un tremblement de terre qu'il jugea devoir être grand, l'eau ayant un goût fort soulphré; et c'est d'où vient que les pays où il est des montagnes ardentes sont plus sujets à ces tremblements, que ceux où il n'y en a point. Ainsi, Siurpurama, montagne ardente du Japon, située à huit lieues de Miaco, vomit, durant les tremblements de terre, une fumée bien plus infecté que dans les autres temps. (*Ambass. mém.*, déjà citée, II, 63-64).

L'auteur donne plus loin, p. 112, une vue du Siurpurama en éruption. Nous en dirons quelques mots à l'année 1658.

Quelques années avant 1649, un tremblement de terre avait bouleversé presque tous le pays autour d'Oudauro. Il avait renversé, dans la ville, des maisons, des tours et des temples, et la forteresse avait esté entièrement abîmée, de sorte que pour rebâtir le château au même endroit, on avait jeté dans le gouffre des montagnes de boue.

Mais comme nous avons déjà dit, ces sortes d'accidents ne sont pas fort rares au Japon. Les tremblements de terre y ont fait, de tout temps, des changements et des ravages presque incroyables. Il y avait autrefois au pied de la montagne de *Facone* une très-belle ville, qui fut engloutie en un moment, avec tout ce qu'elle contenait ; on voit à l'endroit où elle était un marêt bourbeux et mal-sain, le long duquel nos ambassadeurs prirent leur route.

Ce qui cause ces tremblements, dans l'opinion des Japonais, c'est, disent-ils, un monstre marin, lequel frappant le rivage de sa queue, fait mouvoir et trembler la terre. Les philosophes grecs et latins, tout habiles qu'ils étaient, n'en donnent pas de raisons fort satisfaisantes ; aussi n'est-ce pas mon dessein de m'arrêter à les déduire. (Jacob van Meurs, *Ambass. mém. à l'empereur du Japon*, I, 95).

1649. — A Vomura (Japon), tremblement horrible qui fit fendre une montagne. Dans la fente on trouva deux forts cercueils en bois, sur lesquels étaient gravées les lettres X. E.

X. I. et dans lesquels se trouvaient deux corps qu'on pensa être ceux de chrétiens morts pour la foi. (Bonito cite Girardi).

1655. — A Formose, tremblement considérable qui dura trois semaines.

« L'isle Formosa est sujette à de grands tremblements de terre, qui se font ordinairement sur la fin de l'année ; en l'an 55, nous en eusmes un fort grand plus de trois semaines, et qu'on pouuoit voir aisément en mettant de l'eau dans vn bassin qu'on voyoit continuellement mouuoir ; la première secousse fit un grand dégast dans la ville, et mesme aux murailles du fort ; on n'entroit dans les maisons qu'en crainte, craignant tousiours qu'elles deussent tomber ; les pièces de canon qui estoient en batterie sur les bastions rouloient avec leurs affusts hors de leurs places. Il y eust une fort belle tour avec une platte-forme en haut, qui fut toute creuée, et dans le païs il y eut des montagnes qui furent fenduës depuis le haut iusques en bas. Les Chinois disent de cela que c'est le Diable qui est en colère, et qui remuë la terre, et le croient appaiser par leurs sacrifices qu'ils font lors en grande dévotion, et toutes les raisons naturelles qu'on leur en peut dire ne leur sçauroient persuader le contraire. » (1).

1657. — 29 décembre, à Nangesaque (Nangasaqui), secousses qui continuèrent par intervalles jusqu'au 3 janvier 1658, pendant l'ambassade de Wagenaar. (Jacob de Meurs, *Ambassade* citée, II, 106).

— Le 29 décembre, à Nangesaque (pendant l'ambassade de Wagenaar), tremblement qui continua par intervalles jusqu'au troisième de janvier.

---

(1) Relation de la prise de Formosa par les Chinois, collection Thevenot, t. I, p. 3, Paris, 1666, in-fol.

La nuit d'auparavant il fut si rude qu'il sembloit que la ville dût abîmer ; mais lé péril et la frayeur cessèrent avec la nuit. (Jacob de Meurs, *Ambassades* citées, II, 106).

1658. — Le 25 avril, l'ambassadeur *Indije* arriva à Miaco. « Huit lieuës au-dessus de cette ville est une montagne célèbre nommée *Siurpurama*, que le sieur Indije ne vit pas, mais que le sieur Zeldere, autre ambassadeur hollandais, visita fort exactement quelques années après, comme nous dirons en son lieu. Cette montagne, d'une hauteur extraordinaire, vomit des flâmes aussi effroyables que celles du Mont-Gibel, et dont les suites sont aussi funestes. Proche cette montagne, il y en a une autre moins grande, entre les cavités de laquelle coulent trois ruisseaux de soufre qu'on croit servir de nourriture à cette flâme, qui se répand souvent aux environs, au grand dommage de ses voisins. La terre qui lui est contiguë est si ardente qu'on n'y peut marcher sans se brûler. Le soufre, au rapport des philosophes, est une espèce de minéral, lequel se forme dans la terre d'une matière grasse et subtile ; c'est pourquoi ils admettent deux sortes de vapeurs ; l'une sèche et terrestre, nommée proprement exhalaison ; l'autre humide et séreuse, qui doit être appelée vapeur. Ils ajoutent que les pierres se forment des exhalaisons ; et des vapeurs, le soufre et le vif-argent, du mélange desquels se produisent l'or et l'argent, et toutes sortes de minéraux. On pourrait demander comment il se peut faire que des vapeurs se réduisent en pierres, vu le peu de consistance qui nous paraît dans ces corps minces ? Mais on répond, que ces vapeurs sont en effet plus grossières qu'elles ne paraissent ; d'où vient que ceux qui travaillent aux mines ne vivent pas longtemps, joint que le peu de temps qu'ils vivent, ils sont sujets à d'estranges incommoditez. Or, si le soufre sert d'aliment, ainsi que nous venons de le dire, au feu qui sort de la montagne Siurpurama, il est constant qu'il y a un feu souterrain qui échauffe la terre au-dedans, de la même façon que le soleil l'échauffe au-dehors.

» C'est quelque chose de surprenant, qu'il coule depuis tant de siècles de grands ruisseaux de soufre de la montagne dont nous parlons. Mais il est aussi remarquable, que ce qui contribue à les perpétuer, c'est que partout où ce soufre coule, la terre prend un tempérament sulphuré, ce qui lui sert de nourriture : opinion confirmée par plusieurs expériences faites à Mutina en Italie, dont toute la terre des environs se change en soufre en moins de quatre ans, lorsqu'on la jette dans les lieux dont on l'a tirée.

» Au reste, il est sensible que c'est par le feu souterrain que se forment les minéraux ; lesquels étant fondus, cuits et purifiez par sa chaleur, se durcissent par le froid qu'ils contractent insensiblement. Il est aussi certain que c'est ce même feu qui cause les tremblements de terre, s'ouvrant rarement dans ces rencontres qu'il n'en sorte des torrents de flâmes. D'ailleurs, y ayant au Japon beaucoup de mines d'or et d'argent, et cet empire étant si sujet aux tremblements de terre, que les montagnes s'ouvrent, souvent de telle sorte que ces mines paraissent ; il s'ensuit nécessairement qu'il y a là quantité de soufre pour nourrir ce feu souterrain. » (Jacob de Meurs, *Ambassades* citées, II, 113).

L'auteur raconte plus loin le voyage du sieur Van Zelderen, l'un des plus célèbres que les Hollandais aient fait à Jedo. (L. c., p. 129 et suiv.). Mais malheureusement, plus obscur et plus diffus encore que précédemment, il ne donne aucune date.

Il dit en parlant de la ville de Cangoxuma, qui est la clef

non-seulement du royaume de Saxuma, mais même de tout le Bungo :

« A quelques quatre lieuës de la ville, vers le nord-ouest, s'élève une montagne fort au-dessus des nuës, qui, à ce que l'on croit, est la plus haute de toutes celles que l'on connoit, excepté Tereira (*sic*) qui est dans l'isle de Ténériffe, celle-ci passant pour la plus haute, outre qu'elle vomit du soufre, des pierres et de la flâme. » (L. c. p. 131).

Zelderen alla ensuite à Swoja. « Pendant que les gens du vaisseau alloient voir les ruines de la petite ville d'Achas, qui est fort proche de Swoja, l'ambassadeur fit décharger quelques peaux de boucs et de cerfs. Cette petite ville étoit alors en pitoyable état ; plus de la moitié étoit renversée, les maisons ayant été, les unes entièrement abîmées, et les autres en partie ; ce qui restoit n'était nullement endommagé, mais la tristesse étoit peinte de tous côtez. Un tremblement de terre avoit causé cette désolation. Après avoir duré deux jours, il fut suivi immédiatement d'un incendie qui fit de grands ravages, puis de vapeurs malignes qui étouffèrent une infinité de personnes. Assez près de la ville est une montagne de soufre où le feu souterrain avoit tellement miné la terre, qu'elle s'étoit ouverte par les secousses du tremblement, en sorte que depuis il s'y voyoit un gouffre dont on ne trouvoit point le fond. Tous ces malheurs entassez les uns sur les autres, avoient réduit les habitants à telle extrémité, qu'ils n'eussent pu s'en relever, si l'empereur Toxgunsamma n'en avoit eu pitié. Ce prince, touché de leur misère, leur donna de grands priviléges qui les firent un peu respirer. » (L. c. p. 133).

L'auteur raconte, p. 134, l'entrée de l'ambassadeur Van

Zelderen à Miaco. « Un peu au-dessous de la ville, dit-il, est la montagne Frenoiama, qui s'élève au-dessus des nues. Mais si la hauteur est prodigieuse, une autre qui se voit au royaume de Jetchu l'est encore davantage, non-seulement parce qu'elle vomit sans cesse des torrents de flâmes, mais parce qu'on voit dans ces flâmes (Daviti en sa description de l'Asie), la figure du Diable. » (L. c. p. 135) — Et plus bas, même page, l'auteur revient encore sur la fréquence des tremblements au Japon : « Les Japonais, dit-il, bâtissent rarement de pierres, à cause que la terre est fort sujette en ce païs-là aux tremblements, et qu'ils ont des forêts qui leur fournissent autant de bois qu'ils en ont besoin. »

L'ambassadeur visita la montagne de Paurorama, qui est peu éloignée de la ville ; il se trouve un temple au sommet. L'auteur en donne une vue où l'on ne remarque rien de volcanique. (L. c. p. 137). Mais dans tout ce récit, d'ailleurs très-confus, il n'est nullement question de la montagne de Siurpurama dont la description avait été annoncée à la p. 113.

L'éditeur Jacob van Meurs, dans sa dédicace à Louis-le-Grand, avance qu'il n'a fait qu'une compilation. Il est à regretter que les dates soient aussi souvent oubliées, et que les données mêmes fournies par lui, soient aussi confuses. Ainsi il est dit, première partie, p. 55: « Outre Saykok et Chiekok, le Japon a encore plusieurs villes autour, comme Hiu, etc. . . . .

. . . .

toutes pleines de mines d'argent et *un* autre qu'on appelle *Vulcan*, qui jette souvent des flammes de feu, et qui est située vers l'occident, hors du détroit de Diemen, qui arrose les isles de Chiekok et de Tanaxima. »

1661. — « Au mois de janvier, à Formose, il s'était fait un furieux tremblement de terre qui avait fait crouler toutes les montagnes de l'isle, et tomber trente et une maisons à Taïovan. Les épaisses murailles du fort Zélande en avaient crevé en plusieurs endroits, et en d'autres elles étaient tombées. Trois vaisseaux qui étaient au port se tourmentèrent d'une façon extraordinaire. Les flots de la mer s'élevèrent tellement, qu'ils paraissaient comme des montagnes, et il semblait qu'ils allaient inonder l'isle.

» Ce tremblement se fit encore sentir plus de six semaines après, quoiqu'il allât toujours en diminuant. Ce n'est pas qu'il n'y en eût souvent à Formose, mais ils n'avaient jamais été de durée, ni si violents que celui-ci.

» Le 15 avril 1661, à minuit, on entendit des bruits effroyables sur un des bastions du fort Zélande, nommé Middelbourg, qui éveillèrent les soldats qui dormaient. Tout le monde courut aux armes, puis vers le lieu où l'on entendait les fracas. Mais on eut beau chercher, on ne trouva rien, et cet accident causa une surprise incroyable.

» Il y avait trois vaisseaux à l'ancre, à la rade de Baxamboi, qui furent vus de terre une heure avant le jour, tout en feu et en flammes qui s'élevaient de moment en moment, comme d'un canon qui avait tiré. Cependant on entendait rien. D'un autre costé, ceux qui étaient à bord de ces vaisseaux voyaient la même chose au fort de Zélande. Mais tous ces phénomènes disparurent à la pointe du jour. » (1).

1661. Janvier, à l'île Formose, tremblement qui fit tomber plusieurs maisons à Tajovan, tourmenta les vaisseaux dans

---

(1) Voyage de Gautier Schouten aux Indes Orientales, commencé l'an 1658, et fini l'an 1665, trad du hollandais, t. I, p 322-323. Rouen, 1725, 2 vol. in-12.

le port, souleva les flots de la mer, renversa une partie des fortifications du fort Zélande et dura plus de six semaines. Formose *est sujette aux tremblements de terre*. (Coll. acad.).

Dans une description de Formose, Klaproth ne parle pas des tremblements de terre; il dit seulement, en parlant du Ho-chan, ou mont de feu, qu'il est rempli de pierres entre lesquelles coulent des sources dont les eaux produisent constamment des flammes. D'où il conclut l'existence d'une grande quantité de naphte, comme à Pietra-Mala, dans les Apennins et à Bakou, près de la mer Caspienne.

Plus loin, il ajoute que les tourbillons de vent, accompagnés de trombes, sont fréquents dans les mers de Formose (Eyriès, *Nouv. Annales des Voy.*, t. XX, nov. 1823, p. 204 et 211).

Ces faits, cités d'ailleurs par Humboldt (*Fragments asiatiques*, p. 82), sont rapportés avec d'amples développements dans une lettre de M. Stanislas Julien à M. Arago, lettre insérée aux *Comptes-rendus de l'Acad. des Sc.*, t. X, 1840, première partie, p. 832-834. On y lit, comme dans Klaproth, qu'une autre montagne, le *Licou-hoang-chan* ou montagne de soufre, jette des flammes à sa base. Mais l'auteur n'indique pas si ce volcan est encore actuellement en activité.

1661. — Tremblement au Japon, dans la province d'Oomi où une montagne s'écroula dans la rivière Katzira; il n'en resta pas la moindre trace. (V. H. d'après Kæmpfer, p. 190 et 241). L'événement eut lieu le 1er du 5° mois de la 8° année de Sinin, qui monta sur le trône en 1654 (Kæmpfer, l. c. p. 170 ; Charlevoix, l. c.). V.H. donne ailleurs (Veränderangen de Erdoberflache, II, 420) la date de 1662, d'après Kæmpfer et Tunberg.

1662. — Tremblement au Japon ; à Myako (Méaco?), dans le célèbre temple de Fo-Kosi, la statue de bronze doré, représentant Boudha, fut brisée (Huot, *Géol.*, t. I, p. 112). Ce fait diffère-t-il du précédent?

1665. — Tremblement au Japon. (Montanus cité par V. Hoff).

1691. — 23 mars, environ une heure du soir, à Jedo, secousse violente qui fit trembler les maisons ; elle dura le temps qu'on mettrait à compter jusqu'à 50. Cet accident soudain convainquit Kæmpfer de la raison et de la nécessité de la loi qui défend dans toute l'étendue de l'empire de bâtir des maisons élevées ; et qu'il n'y est pas moins nécessaire de les bâtir, comme ils font dans le pays, de matériaux légers et de bois, et de mettre une grosse poutre, bien pesante, sous le comble de la maison pour presser sur les murs et les assurer en cas de secousse pareille (Kæmpfer, ouv. cité, II, 234).

— 14 octobre, de bon matin, a Dzima ou Nangasaki, deux secousses violentes qui durèrent chacune une demi-minute. Le choc fut si sensible, même dans le port, qu'un pilote de navire fut jeté à bas de son lit. Les chiens et les corbeaux firent un grand bruit sur le rivage, étant éveillés par la violence du tremblement (*Ibid*. p. 269).

— 10 novembre, entre 9 et 10 heures du soir, à Nangasaki, tremblement subit et violent ; il dura moins que celui du 14 octobre, mais le choc fut plus grand et rompit quelques vitres.

La même nuit, un peu après minuit, autre choc moins violent, le temps étant toujours serein et calme. Ce second choc fut suivi de trois autres, et ceux-ci, de deux encore qui furent si peu considérables qu'on eut peine à les apercevoir (*Ibid*. p. 270).

1692. — 18 avril, le matin, à Jedo , tremblement qui dura près d'une minute.

— Le 26, au matin, nouvelles secousses, violentes et séparées par des intervalles de temps durant lesquels on aurait pu compter jusqu'à quarante.

Le lendemain, après minuit, nouveau tremblement, plus violent encore. (*Ibid.* p. 284 et 294).

1703 — Au Japon, tremblement qui renversa la capitale Yedo et plusieurs autres villes ; car on compta quarante victimes (1). (Coll. trad.; Charlevoix, *Hist. du Japon*, t. I, p. 21 ; Prévost, l. c., t. X, p. 652).

Langlois, *Dict. de Géogr.*, t. I, p. lxvi, dit qu'on ressentit les secousses qui désolèrent l'Italie. On sait que celles-ci eurent lieu en janvier et février ; mais il est peu probable qu'il n'y ait eu là qu'un seul et unique phénomène.

1707. Au Japon. Dans la nuit du 23ᵉ jour de la 11° lune, deux fortes secousses de tremblement de terre se firent sentir, le Fousi-na-yama s'ouvrit, jeta des flammes et lança des cendres à dix lieues au sud jusqu'au pont de Rasoubats, près d'Okabé, dans la province de Sourouga. Le lendemain, l'éruption s'apaisa, mais elle se renouvela avec plus de violence le 25 et le 26. Des masses énormes de rochers, du sable rougi par la chaleur et une immense quantité de cendres couvrirent tout le plateau voisin. Ces cendres furent poussées jusqu'à Josiwara, où elles couvrirent le sol à une hauteur de cinq à six pieds et même jusqu'à Jedo où elles avaient plusieurs pouces d'épaisseur. A

---

(1) Kæmpfer ne décrit pas le phénomène ; il dit seulement qu'il s'y joignit un furieux incendie qui réduisit la ville en cendres , sans épargner le château de l'empereur. Plus de *deux cent mille* habitants furent ensevelis sous les ruines. (Ouv. cité, I , 90). Je retrouve ce dernier nombre dans le *Moniteur* du 7 décembre 1859.

l'endroit où l'éruption avait eu lieu, on vit s'ouvrir un large abîme à côté duquel s'éleva une petite montagne à laquelle on a donné le nom de Foo-yé-yama, parce que sa formation eut lieu dans les années nommées Foo-yé.

Le Fousi-na-yama est une énorme pyramide couverte de neiges perpétuelles et située dans la province de Sourouga, à la frontière de Kai ; c'est le volcan le plus considérable et un des plus actifs du Japon. (Humboldt, l. c. p. 224 ; *Nouv. Annales des Voy.*, nov. 1830, p. 313). Depuis lors il se repose (*Cosmos*, IV, 416).

1729. — Tremblement au Japon, l'importante ville de Myaco (*sic*) s'engloutit avec un million (?) d'habitants (Huot, *Géologie*, t. I, p. 112; *Gaz. de France*, 1er nov. 1730 ; *Mercure de Fr.*, décembre 1730, p. 2518).

1730. — Tremblement au Japon, où le phénomène est excessivement commun. (Prévost, l. c.; *Collect. Acad.*). Quoique le phénomène y soit très-fréquent, il s'agit sans doute ici de la manifestation précédente.

1737. — Le 7 novembre, dans le pays de Kurilis (Kouriles) et autres îles voisines, tremblement terrible. La relation marque qu'un grand nombre de rochers escarpés, situés sur le bord de la mer, s'étaient rompus et avaient été brisés en plusieurs pièces ; qu'on avait aussi senti ce tremblement dans la mer, et vu plusieurs phénomènes de feu qui s'étaient étendus plus loin. (Gmelin, cité p. 75 des *Mémoires* et observations géographiques et critiques sur la situation des pays septentrionaux de l'Asie et de l'Amérique, par M. ***. Lausanne, 1765, in-4°). (1).

L'auteur omet d'autres détails et ajoute qu'il peut con-

---

(1) Voyez Gmelin. *Voyage en Sibérie*, trad. par Keralio, t. II, p. 154. Paris, 1767, 2 vol. in-12. La date n'est pas donnée.

clure de ces faits et de ceux rapportés par le P. Charlevoix
que l'hypothèse de Muller n'est rien moins qu'impossible.
Voici l'opinion de Muller :

« Il dit que les tremblements de terre sont très-fréquents dans ces parages et très-violents ; qu'il est possible
que ces diverses îles, ou toutes, ou en partie, n'en formas-
sent qu'une du temps du voyageur hollandais (qui a découvert l'île des États), et qu'elles ont été séparées depuis. Cette
conjecture est assez vraisemblable. » (L. c. p. 74).

Je lis, en effet, dans Muller : « De grands tremblements
de terre ont fait disparaître d'un côté et reparaître de l'autre du pays, des îles entières. De tels tremblements sont
fréquents dans les contrées dont nous parlons (le Japon).
Il est donc possible que la terre de Jeso ait éprouvé une
pareille révolution après le voyage des Hollandais (dont
les cartes ne font *qu'une grande île*), et qu'elle ait été déchi-
rée en plusieurs îles plus petites. » (Voyages et découvertes faites par les Russes le long de la mer Glaciale et l'O-
céan oriental, tant vers le Japon que vers l'Amérique, par
M. G.-P. Muller, trad. par C.-G.-F. Dumas, t. I, p. **121**. Amsterdam, 1766, 2 vol. in-12).

L'auteur dit plus loin : *La terre de Gama* ne peut-elle
pas avoir essuyé la même révolution que celle de Jeso ? »
(L. c. p. 246). Et p. 304, en parlant de l'île de Bering :
« Les montagnes qu'on voyait devant soi semblaient indiquer une terre ferme ; et en effet, cette île peut avoir fait
partie autrefois du continent dont elle aura été séparée par
un tremblement de terre. »

1738. — Au Japon, secousses terribles ; Myaco fut ruiné et
vit périr deux cent mille personnes. (Huot, l. c. ; Vivenzio
cité par von Hoff).

J'ignore où Huot a puisé les faits nombreux et désastreux qu'il rapporte ; il n'indique pas de sources.

1776. — Du 1ᵉʳ au 26 mai, à Jedo, plusieurs secousses très-faibles auxquelles le professeur Thunberg ne fit même pas attention. (*Voyage au Japon*, t. III, p. 173).

1779. — Du 9 au 11 octobre, à Nangasaki, plusieurs secousses. (Thunberg, *Voyage au Japon*, t. III, p. 192).

1779. — 4 et 5 novembre. « Nous dépassâmes, dit le cap. King (1), une quantité considérable de pierres ponces, et nous en recueillîmes plusieurs qui pesaient d'une once à trois livres. Nous pensâmes que des éruptions les avaient jetées dans la mer, à différentes époques, car nous en vîmes qui étaient couvertes de bernacles, et d'autres absolument nues... »

Positions des bâtiments :

35° 48' 1/2 lat. N., et 146° 33' long. E. le 4 ;
35° 15' lat. N., et 147° 18' long. E. le 5.

« Le 13, à midi, notre latitude observée fut de 26° et notre longitude de 145° 40'...; nous dépassions toujours beaucoup de pierres ponces : les amas prodigieux de cette substance qui flottent dans la mer, entre le Japon et les îles *Bashee*, semblent prouver, il faut en convenir, qu'il y a eu une grande convulsion volcanique dans cette partie de l'Océan Pacifique, et par conséquent donne une sorte de probabilité à l'opinion de M. Muller, sur les causes qui ont produit la séparation de la terre de *Jeso* et fait disparaître la *terre de la Compagnie* et *Staten Island*. »

« Le 15, par 24° 50' de lat. et 140° 56 long. E., nous étions en présence d'une île qui a environ cinq lieues de longueur, sur une direction NNE et SSO. La pointe mé-

---

(1) Troisième voyage de Cook, t. 4, p. 385, 386 et 388, de la trad. française, Paris, 1785, 4 vol. in-4°.

ridionale offre une colline élevée, stérile et aplatie au sommet, et lorsqu'on la regarde de l'OSO, on y aperçoit le cratère d'un volcan. La terre, le rocher ou le sable (car il n'était pas aisé de distinguer la matière de sa surface), présentait différentes couleurs ; d'après l'effet que produisait à l'œil une grande portion de cette surface, et d'après la forte odeur sulfureuse que nous sentîmes en approchant de la pointe, nous conjecturâmes que c'était du soufre. Quelques-uns des officiers de la *Résolution* qui passa plus près de la terre, crurent voir des vapeurs s'élever du sommet de la colline, et ces raisons déterminèrent M. Gore à lui donner le nom d'*île de Soufre*. Une langue de terre, basse et étroite, réunit la colline à l'extrémité méridionale de l'île, dont le contour est de trois ou quatre lieues, et l'élévation modérée. Il y a quelques buissons, sur la portion située près de l'isthme, et on y voit de la verdure ; mais les cantons qui se trouvent au NE sont très-stériles, et couverts de rochers détachés, un grand nombre desquels sont fort blancs. Des brisants dangereux se prolongent deux milles et demi à l'Est, et deux milles à l'Ouest du milieu de l'île, et les flots tombent avec une extrême violence sur ces brisants.

» Nous plaçons l'*île de Soufre* à 24° 48' de lat. et 141° 12' de long. »

1782. — Le 22 mai, la mer s'éleva sur la côte de Fo-Kien à une hauteur prodigieuse, et couvrit presque entièrement, pendant huit heures, l'île de Formose qui en est à plus de 30 lieues. Les eaux en se retirant n'ont laissé à la place de la plupart des habitations que des amas de décombres, sous lesquels une partie de la population immense de cette île est restée ensevelie. L'empereur de la Chine voulant juger par lui-même des effets de ce désastre est sorti de la capitale ; en parcourant les provinces, les cris de son peuple, excités par quelques mandarins, ont frappé ses oreilles, et on dit qu'il en a fait justice en faisant couper plus de 300 têtes. (1)

Voici ce que je lis dans J. L. *Ab Indagine* L. M. (2).

« M. Bertin, ministre d'Etat de France, a reçu d'un missionnaire de Péking, une lettre portant qu'en *octobre* 1782, un volcan a fait éruption dans l'île de Formose, située près des côtes de Chine ; cette éruption épouvantable, que rien n'avait annoncée, a été accompagnée de commotions souterraines si violentes que toute l'île a été ébranlée et ruinée. Les vagues de la mer, qui étaient chassées de l'Est à l'Ouest, ont recouvert et presque submergé l'île entière, de manière qu'on n'y voyait plus rien qu'aux pieds des montagnes. Cette inondation et les secousses ont duré plus de huit heures. Les trois villes principales de cette malheureuse île (dont nous ne pouvons dire ici les noms), et vingt villages ou bourgs ont été ensevelis sous les décombres, et ce qui avait échappé a été entraîné par la violence des eaux. Plus de quarante mille habitants, indigènes et chinois, ont trouvé la mort dans ce désastre. Toutes les pointes de terre qui s'avançaient dans la mer ont été emportées et sont remplacés par des espèces d'anses ou de fondrières occupées par les eaux. Les forts de Seeland et de Pingkchingi ont disparu avec les collines sur lesquelles ils étaient construits. En un mot, il n'y a plus qu'une plaine d'eau.... »

Les nouvelles données par les journaux, sur ce malheureux événement, sont loin d'être concordantes. Le ministre

____

(1) *Gaz. de France*, 12 août 1783, d'après des lettres de Chine.

(2) Philosophisch-und Physikalische-Abhandlungen..., p. 150-155, § 116 et 117, Nurnberg, 1784, in-8°.

de la guerre aurait reçu d'un Chinois qui a passé plusieurs années à Paris, une lettre où il serait dit : « En *décembre* 1682, plusieurs montagnes volcaniques ont fait éruption dans l'île de Formose. Ces éruptions épouvantables ont été accompagnées d'un mouvement souterrain qui a ébranlé l'île entière et d'un soulèvement des eaux de la mer, qui roulant de l'Est à l'Ouest, l'ont entièrement submergée. Le tremblement de terre a duré huit heures. Plus de quarante mille personnes ont péri. »

Enfin, une seconde lettre arrivée de Péking à Versailles confirmerait le désastre qu'a éprouvé l'île de Formose. La misère de plusieurs milliers d'habitants, à la suite de cette inondation, serait, on le conçoit facilement, au-dessus de toute description.

L'empereur de la Chine aurait écrit au vice-roi de la province de Feu-kim la lettre suivante (qu'il est permis de révoquer en doute): « La nouvelle du désastre qui a frappé mon île de Ray-Onan (Formose), est parvenue à mes oreilles. Je vous ordonne de me faire connaître très-exactement les dommages qu'ont soufferts les malheureux habitants qui ont survécu, et de m'en faire de suite un rapport pour que je puisse envoyer promptement des secours. Les maisons et toutes les habitations détruites par les eaux seront reconstruites à mes frais et tous les dommages réparés. Tous les malheureux recevront, sur ma cassette, tous les secours dont ils ont besoin. Les secours seront accordés à tous sans exception. Tout oubli me causerait de la douleur. Vous savez que mon œil les voit tous, et que mon cœur les aime tous. Dites-leur qu'ils comptent sur mes secours, que je suis leur prince et leur père. Les navires de guerre et les magasins qui ont été détruits par la force de la tempête et les flots de la mer, seront reconstruits aux frais de l'Etat. N'opprimez personne, je vous le défends, et faites-moi connaître comment ma volonté a été suivie. »

Ainsi, fait observer notre auteur, voilà trois mois différents, octobre, décembre et mai, qui sont signalés ; l'époque à laquelle l'île de Formose a été ruinée, reste donc incertaine. Mais de la lettre écrite par le missionnaire de Péking à M. de Bertin, en 1783, il résulte qu'à la suite d'éruption des feux souterrains, la mer s'est élevée à une hauteur tout à fait extraordinaire sur les côtes de Chine, et que l'île entière a été submergée pendant plusieurs jours ; qu'ensuite les eaux se sont retirées, sans laisser la moindre trace ni des hommes ni des quadrupèdes.

L'histoire n'offre pas d'exemple d'autre désastre comparable à celui de Formose, si ce n'est celui de Messine, dans l'année 1783.

1783. — Le 27 juillet (7 août n. st.) tremblement et éruption volcanique au Japon. « Un autre volcan très-actif du Japon est le mont *Asama-yama* ou *Asama-no-dake*, situé au NE de la ville de Komoro, dans la province de Sinano, une de celles du centre de la grande île de Nifon, au NE de celles de Kaï et de Moumasi. Il est très-élevé, brûle depuis le milieu jusqu'à la cime et jette une fumée extrêmement épaisse. Il vomit du feu, des flammes et des pierres ; les dernières sont poreuses et ressemblent à la pierre ponce. Il couvre souvent toute la contrée voisine de ses cendres. Une des dernières éruptions est celle de 1783 ; elle fut précédée par un tremblement de terre épouvantable ; jusqu'au premier août, la montagne ne cessa de rejeter du sable et des pierres, des gouffres s'entr'ouvrirent de toutes parts et la dévastation dura jusqu'au 6 du même mois. L'eau des rivières *Yoko-gava* et *Kourou-gava* bouillonna ; le cours du *Yone-gava*, l'un des plus grands fleuves du Japon, fut intercepté, et l'eau bouillante inonda les campagnes. Un grand nombre de villages (1) furent engloutis par la terre, ou brûlés et couverts par la lave. Le nombre des personnes qui ont péri par ce désastre est impossible à déterminer ; la dévastation fut incalculable. (Klaproth, dans les *Nouv. Ann. des Voyages,* nov. 1830, p. 314 ; Humboldt, *Fragm. asiatiques,* p. 229, et *Cosmos,* t. IV, p. 416 de la trad. fr., où il est dit que depuis lors l'activité de ce volcan ne s'est point ralentie). — Dans le *Bull. des Sc. natur.* (Férussac), mai 1827, p. 1, on donne la date du 4 avril pour celle du tremblement de terre, mais il faut lire 4 août, car on donne pour la date de l'éruption celle du 6 août.

Von Hoff écrit pour le nom du volcan *Asama Gadaki.* Suivant lui, les secousses s'étendirent sur un espace de 20 ou 30 lieues.

Suivant de Buch, le 14 août, à 10 h. du matin, un courant de soufre se précipita de la montagne. Cette éruption s'effectua par un grand nombre de cônes disposés sur un même alignement, et par conséquent élevés sur une même fracture. (*Description des îles Canaries,* p. 442 de la trad. franç.).

1793. — 18 janvier, 5 h. 6 m. du matin, le sommet de l'*Ounzen-gadake* (province de Fisen) s'affaissa entièrement ; des torrents d'eau sortirent de toutes parts de la cavité profonde qui en résulta, et la vapeur qui s'éleva au-dessus ressemblait à une fumée épaisse.

— 6 février, éruption d'un autre volcan, le *Bivo-no-Koubi;* à une demi-lieue de distance du sommet, la flamme s'éleva à une grande hauteur ; la lave qui en découla s'étendit avec rapidité au bas de la montagne, et en peu de jours, tout fut en flammes dans une circonférence de plusieurs milles.

---

(1) 23, suivant M. Lyell, et 27, suivant M. de Buch.

— 1ᵉʳ mars, 10 h. du soir, tremblement terrible par toute l'île de Kiousiou, principalement dans le canton de Simabara ; il se répéta plusieurs fois et finit par une éruption terrible du Miyi-yama qui couvrit tout le pays de pierres et mit principalement la partie de la province de Figo, vis-à-vis Simabara, dans un état déplorable, et surtout du Wunzendake. (*Ann. de Ch. et de Phys*, t. XLV, p. 349 ; Humboldt, *Fragm. asiatiques*, p. 220).

De Hoff, auquel j'emprunte les dates, indique des sources nombreuses, mais ne parle pas de Siebold, (*Voy. au Japon*, t. I, p. 236 et suiv). On trouve là une longue description des phénomènes ; je la transcrirai un peu plus bas.

— 1ᵉʳ avril, tremblement de terre et éruption de l'Illigigama, au Japon. Ce double phénomène fut accompagné d'inondations ; cinquante-trois mille hommes périrent (Férussac, *Bull. des Sciences nat.*, t, XI, mai 1827, p. 1, 2).

1793. — Voici maintenant la description du voyageur hollandais : (1)

« Le 18 du premier mois de la quatrième année de Kwansei (1792), à 5 h. de l'après-midi, on vit le sommet du volcan (le Wunzendake, de 1253 m. de hauteur), s'écrouler subitement et une épaisse fumée s'élever dans les airs. Le 6 du mois suivant eut lieu une éruption de la montagne Biwonokubi, située sur le versant oriental, à un *ri* (13/14 de lieue commune de France, ou 4123ᵐ) environ au-dessous du sommet. Elle fut suivie, le 2 du troisième mois, d'un fort tremblement de terre qui se fit sentir dans toute l'île de Kiusiu et qui ébranla le sol de Simabara avec tant de violence que tout le monde fut renversé. La terreur et

---

(1) Voyage au Japon, exécuté pendant les années 1823 à 1830, par M. Ph. Fr de Siebold, édit. fr., rédigée par MM. A. de Montry et E. Fraissinet, t. I, p. 234-237.

la consternation devinrent générales ; les secousses se suc-
cédaient avec une effrayante rapidité, le volcan jetait sans
interruption une grêle de pierres et des flots de cendres et
de lave qui dévastaient le pays à plusieurs lieues à la
ronde. Enfin, le premier jour du quatrième mois, vers midi,
survint une nouvelle commotion, qui, de moment en moment, se répéta avec plus d'intensité. Déjà la ville de Simabara ne présentait plus qu'un vaste amas de ruines ; d'é-
normes quartiers de rocs roulant du haut de la montagne,
écrasaient tout ce qu'ils rencontraient sur leur passage, et
l'on entendait le tonnerre gronder sous ses pieds et au-
dessus de sa tête, lorsque tout-à-coup, dans un moment de
calme où l'on croyait le danger passé, le Mjôken-jama,
bras septentrional du Wunzendake, éclata avec une épouvantable détonation. Une grande partie de cette montagne
sauta en l'air ; des masses colossales de rochers retombè-
rent dans la mer ; un fleuve d'eau bouillante sortit, en écu-
mant, d'un nouveau volcan et se précipita vers la mer qui,
en même temps, inondait le rivage. Alors se présenta un
phénomène sans exemple, qui ajouta encore à l'effroi des
malheureux témoins du bouleversement de la nature. Du
choc des eaux naquirent des trombes qui, en tourbillon-
nant dans la plaine, ravagèrent tout ce qui se trouvait à
leur portée. La désolation dans laquelle le tremblement
de terre, l'éruption du Wunzendake et celles des cratères
circonvoisins, laissèrent la presqu'île de Simabara et la
côte de Figo, passe réellement toute croyance. Pas un bâtiment dans la ville et ses environs ne fut épargné, hors la
citadelle, dont les murs, formés d'après le système cyclo-
péen de blocs de pierres gigantesques, échappèrent à la
destruction générale. Le déchaînement des feux souterrains
avait changé la côte de Figo au point de la rendre entièrement méconnaissable. Cinquante-trois mille personnes

périrent, dit-on, dans cette fatale journée. Quand on se reporte à de semblables catastrophes, on conçoit que les Japonais mettent les éruptions volcaniques et les commotions du sol au premier rang parmi les fléaux de leur patrie.

» Depuis sa terrible éruption de 1792, dit encore Siebold (l. c. p. 236), le Wunzendake est devenu la terreur des habitants de ces contrées. Son aspect âpre et menaçant, son vaste cratère écroulé, d'où sort sans cesse une épaisse fumée (Siebold a voyagé de 1823 à 1830), qui se dilate en nuages vaporeux, dénotent clairement que cet immense réservoir a dû causer jadis d'affreux ravages et peut encore en exercer tous les jours. Cette dernière appréhension paraît plus fondée, lorsqu'en approchant du rivage anguleux qui entoure son foyer de lave, on voit des montagnes écroulées sorties du fond de la mer, et de nouveaux cratères qui se sont formés là où la terre n'était pas assez épaisse pour comprimer l'éruption du fluide volcanique bouillonnant dans son sein, ou quand on aperçoit les sources nombreuses qui répandent, de différents côtés, leurs eaux en pleine ébullition. Les tremblements de terre continuels, qui souvent deviennent très-violents et qu'accompagne l'éruption d'anciens et de nouveaux cratères, rendent encore plus imminent le danger d'une nouvelle catastrophe.

» L'histoire ne fait mention d'aucune éruption de ce volcan avant la fin du siècle dernier ; mais il est hors de doute qu'il y en a déjà eu mille ans avant cette époque ; car sous le règne des *Mikado-Monnu*, en 701, on avait élevé sur le rivage une chapelle à l'Esprit de la montagne, et les habitants des environs lui offraient les prémices de leurs moissons. Dans le sens de l'ancien culte des Kami, de tels honneurs ne pouvaient avoir d'autre but que d'apaiser le courroux de cette divinité, ce qui indique l'existence d'éruptions destructives. Mais il serait superflu d'en chercher la preuve dans les traditions d'un passé lointain, ou même dans les tables de l'histoire moderne, puisque nous la trouvons dans la conformation tout entière de la presqu'île et de la plus grande partie de Kiusiu, couverte de monts ignivomes dont quelques-uns sont éteints, et dont d'autres lancent encore tous les ans des matières enflammées, par d'anciennes et de nouvelles ouvertures. Le Wunzendake n'est qu'une des bouches de l'immense fleuve de feu souterrain, qui, des îles Moluques et Philippines, passe par Liukiu et l'archipel Japonais, s'étend le long des Kuriles jusqu'au Kamtschatka et expire dans les glaces éternelles du Nord. »

Plus loin, p. 320, l'auteur dit encore que dans cette partie de l'île Kiusiu (le Fizen), *les commotions souterraines durent des mois entiers et se répètent de mois en mois.*

On remarquera qu'il donne la date de 1792. Je lis d'ailleurs, dans une note (t. I, p. 147), que le premier mois Japonais correspond à février. Les dates que j'ai empruntées à Von Hoff seraient-elles inexactes?

On retrouve encore les principaux détails de cette éruption, qui fit périr 53,000 personnes, dans M. de Buch, *Descrip. phys. des îles Canaries*, trad. de M. C. Boulanger, p. 440; dans le *Bull. de la Soc. géol. de France*, 2ᵉ série, t. IV, p. 1361. M. Elie de Beaumont, qui copie M. de Buch, cite comme lui: Titsingh, *Mémoire des Djogouns*, par Abel Rémusat, 1820, p. 203 et suiv., avec un dessin colorié de cette terrible éruption.

795. — Au Japon, dans l'île de Kiou-Siou, province de Simabara, tremblement qui aurait coûté la vie à 55,000 personnes. (Von Hoff, d'après les *Annals of Philosophy*, 1826,

décembre, p. 442, qui citent Titsing, *Illustrations of Japan*, trad. angl. du Hollandais, par F. Shobert. London, 1822.) C'est à la même source que de Hoff a emprunté les faits de 1793. Il y aurait eu ainsi deux phénomènes désastreux à deux ans d'intervalle.

1796. — Le 15 septembre, à la baie des Volcans, il sortait, dit Broughton, beaucoup de fumée du côté septentrional du volcan dont nous étions éloignés de trois à quatre milles. Il était à l'extrémité septentrionale de la terre d'Insu (ou Jesso, Jedzo).

Le 28, à midi, la latitude fut de 42° 18' 20" N.; le volcan du Sud nous restait au S. 2° O, et le volcan du Nord au N. 50° E.

Les trois volcans qui se trouvent sur les côtes de cette seule baie, m'ont engagé à lui donner le nom que j'ai adopté (1).

Le 9 octobre, dit-il plus loin, nous faisions route vers l'île Spanberg, dont les terres hachées étaient assez élevées; nous avions par notre travers une montagne située près du bord de la mer et qui s'élevait en forme de cône à une hauteur considérable. Cette montagne était évidemment volcanique. Nous en passâmes à moins de deux milles, et nous la vîmes distinctement couverte de pierres et de cendres depuis le sommet jusqu'à sa base. Il semblait qu'une éruption venait d'avoir lieu. Le cratère paraissait dentelé par des crevasses informes. Quelques petits arbustes croissaient sur le flanc du volcan qui était tourné au S O. Ce volcan escarpé était joint à l'île par une langue de terre

---

(1) Voyage de découvertes dans la partie septentrionale de l'Océan Pacifique, dans les années 1795-1798, par W. R. Broughton, t. I, p. 140, 152 et 155. Trad. par Eyriès, Paris, 1807, 2 vol. in-8°.

basse qui formait de chaque côté un enfoncement semblable à une baie circulaire. La terre continuait à être basse jusqu'à une certaine distance. Au coucher du soleil une extrémité de la terre en vue nous restait au N. 55° E, et l'autre extrémité, formée par le volcan, au S. 24° O. à deux lieues de distance. » (L. c. p. 175).

Les 11, 12, 13 et 14 novembre, Broughton était à l'entrée de la baie d'Ieddo. « L'île du volcan, dit-il, est la plus grande et offre un point de vue très-agréable. Elle est cultivée et tapissée de verdure jusqu'au sommet de la montagne qui est très-élevée. Nous n'aperçûmes point de fumée sortir du cratère qui paraissait très-découpé. » (L. c. p. 199).

Le 14 novembre, il vit le mont Fusi qui s'élevait au-dessus des terres les plus hautes et qui était couvert de neige (*Ibid.* p. 202).

1797. — Le 31 juillet, à l'entrée de la baie d'Iedo, nous avons vu, à plusieurs reprises, dit Broughton, une colonne de fumée noire et épaisse sortir de la partie orientale du sommet de la montagne qui s'élève au milieu de la côte occidentale de l'île *Volcano.* (Op. cit. t. II. p. 131). Il s'agit ici de l'île Ohosima, que le cap. Broughton place par lat. 34° 56' N, et long. 139° 25' E.

Le 11 août, il revint à Volcan-Bay.

« Le 25, au point du jour, le volcan nous restait à l'Ouest et la pointe Esarme au S. 16° E. Cette pointe est arrondie et remarquable, la partie la plus élevée est couverte de laves, et plus bas on voit des parties bien boisées, séparées par des espaces où la lave a coulé. Nous vîmes la fumée s'élever du côté N O du volcan. (L. c. p. 156). » Il s'agit du volcan le plus méridional ; l'auteur quittait la baie.

» Le 27, le volcan jetait de la fumée et sa partie occidentale était entièrement couverte de pierres ponces qui nous parurent très-blanches. Lorsque nous nous sommes trouvés sous le vent du volcan, nous avons senti une odeur de soufre très-forte. (*Ibid.* p. 159). »

Le 6 septembre, le cap. Broughton vit l'île du Pic ou Timo-Shee. « Elle a, dit-il, six à sept lieues de tour et s'élève depuis les bords de la mer jusqu'à une hauteur considérable. Elle a la forme d'un cône, dont le sommet émoussé ressemble au cratère d'un volcan. Les flancs de la montagne sont parsemés d'un grand nombre de rochers pointus et ils sont remplis de crevasses dans lesquelles on apercevait des trous de différentes couleurs, des cendres, des pierres ponces et du soufre. (*Ibid.* p. 174). » Cette île se trouve vers l'extrémité septentrionale de l'île d'Iesso.

1804. — Du 1 au 4 octobre, Krusenstern traversa le détroit de Diemen. Il parle plusieurs fois de l'île du Volcan qu'il place par 30° 43' 0" N. et 229° 43' 20" O. de Gr., sans mentionner aucune manifestation volcanique.

Le 5, il vit, sur la côte sud de Satzouma, un haut pic à double sommet, duquel s'élevait constamment une colonne de fumée. Ce doit être le mont Unga, dans le cratère duquel on précipitait les chrétiens convertis par les Jésuites. Il le place par 31° 43' N. et 229° 46' O. (1). — Le capitaine Belcher dit que ce genre de supplice leur fut appliqué dans la persécution de 1627 à 1631. (The boiling crater of Mount Ungem (Unga) was now a common instrument of death. L. c. p. 40).

---

(1) *Reise um die Welt, in den Jahren*, 1803-1806, t. I, p. 265 et 271. St-Pétersbourg, 1810, 3 vol. in-4°. De Humboldt dit (*Cosmos*, IV, 417) que Krusenstern a vu fumer l'île du Volcan ou Iwo-Sima. C'est une erreur.

1805. — Le 3 mai, Krusenstern vit le pic Tilesius qui paraît être, au moins d'après sa forme, un volcan éteint ou encore brûlant. D'ailleurs, dit-il, les secousses violentes de tremblements de terre sont fréquentes dans le nord du Japon.

Le même jour, il vit l'île O-sima ; elle est ronde et a six milles de tour. De son sommet, dont la forme est celle d'un cratère, on vit s'élever de la fumée ; des coulées tortueuses de laves qui serpentaient sur ses flancs ont convaincu le Dir. Tilesius qu'une éruption devait avoir eu lieu depuis quelques années (1).

Le 6 mai, il vit le mont Rumoffsky, qui est plutôt plat que pointu. Plus loin, dans les terres, mais du même côté de la baie, s'élevait une montagne conique d'aspect remarquable. D'une autre plus au nord, nous vîmes, dit-il, s'élever de la fumée et des flammes. Mais nous n'avons pas pu voir le cratère du volcan (2).

1805. — Le 6 mai, nous avons aperçu, dit Langsdorf (3), sur la côte S E de l'île de Matmai, ou Jesso, un volcan qui fumait fortement et plusieurs autres montagnes coniques, terminées en pointes. Il est curieux que la fumée ne s'élevait que d'une petite montagne qui n'offrait rien de remarquable, et que les hauts pics voisins ne laissaient voir aucun signe d'activité volcanique (*Keinen Zeichen eines Vulkans sehen liessen*). Le pic Rumoffski, le plus élevé et le

---

(1) Voyage cité, t. I, p. 35 et trad. d'Eyriès, t. II, p. 40. Je dois la communication de cette traduction à M. de La Roquette.

(2) Voyage cité, t. I, p. 59 et trad. d'Eyriès, t. II, p. 48.

(3) G. H. V. Langsdorff, Bemerkungen auf einir Reise um die Welt in den Jahren 1803 bis 1807, 2e édit. Frankfurt am Mayn, 2 vol. in-8o. t. I, p. 462. L'auteur qui venait de traverser le détroit de Sangar, n'y signale aucune trace d'activité volcanique.

plus remarquable de cette montagne, est situé par lat. 42° 50' 15" N. et long. 141° 11' 30" E. de Gr. Nous n'avons pu entrer que le lendemain dans la baie. »

1816. — Le 13 septembre, le cap. Basil Hall aperçut l'île du Soufre *(Sulphur Island)*, aux Lou Tchou, et put s'en approcher vers 11 h. du matin; mais il ne put descendre à terre. « Le volcan de soufre *(sulphuric volcano)*, auquel l'île emprunte son nom, est situé au N O.; il émet une fumée blanche et l'odeur du soufre est sensible du côté du cratère opposé au vent. Les roches près du volcan sont d'un jaune pâle, et les couches très-brisées sont inclinées dans toutes les directions. La végétation est faible et seulement herbeuse au sommet. La partie sud de l'île est très-haute ; là, les couches sont à peu près horizontales et coupées par une espèce de mur vertical qui se dresse à quelques mètres de hauteur (1). »

1825. — Le 10 octobre, de nuit, à Dzima (île de Kiou-Siou), une secousse.

Le 23 et le 24, nouvelles secousses. On y en ressent presque tous les ans. (Siebold, *Voyage au Japon*, t. I, p. 238).

1826. — Dans une des îles Bonin-sima, tremblement ressenti par deux matelots qui y avaient été abandonnés. Ils racontèrent au cap. Beechey que l'île avait été si violemment ébranlée, et que la mer était montée si haut, qu'ils avaient craint d'être engloutis ; ils se réfugièrent sur les collines ; ils dirent que l'eau s'était élevée à vingt pieds au-dessus du niveau des plus hautes marées. On conjectura, d'après les traces qu'elle avait laissées, que ce débordement s'était arrêté à douze pieds.

---

(1) Basil Hall, *Voyage to Corea and the Island of Loo Tchoo*, p. 67. London, 1820. in-8°, 2e édition.

Des colonnes basaltiques et un pavé composé des sommités de cette roche, qui représentait une chaussée de géants en miniature, annonçaient la nature volcanique de cette île. (*Nouv. Ann. des Voy.* 2ᵉ liv., t. 20, p. 81, avril 1831).

1828. — 26 mai, dans la soirée, à Dezima, île de Kiusiu, au Japon, secousses les plus fortes qu'on y eut ressenties depuis trois ou quatre ans. La première, qui dura au moins une minute, fut si violente, qu'on s'attendait à voir crouler les maisons ; en effet, la muraille qui entourait Dezima et qui à la vérité était assez faible, se fendit en plusieurs endroits. Les oiseaux effrayés tournoyaient en battant des ailes dans l'obscurité, et les cris lugubres des corbeaux et des moineaux interrompaient seuls le morne silence de la nature. Dans tous les tremblements de terre qui eurent lieu pendant notre séjour au Japon, nous avons remarqué un grand calme, un air très-sec et un ciel serein. Le canal bourbeux qui sépare Dezima de la ville, exhalait, ainsi que le rivage, plus de miasmes qu'à l'ordinaire, ce qu'il faut attribuer, non au développement des gaz souterrains, mais aux vapeurs marécageuses dégagées par le choc qui ébranlait le fond.

Pendant toute la nuit, la terre fut encore légèrement remuée. Il paraît que ce tremblement se fit sentir plus fortement dans l'île d'Amaksa, située à huit milles d'Allemagne au sud-ouest de la nôtre, et nous apprîmes que près de là on vit en mer un phénomène qui ressemblait à un volcan jetant des flammes. En même temps une mine de charbon s'éboula dans l'île de Takarasima, à quarante milles d'Allemagne au sud-ouest de Nagasaki ; et à quatre milles de nous, sur le cap Nomo, une idole en pierre roula du haut d'une colline dans la plaine.

— Le Wunzendake donna aussi des signes d'éruption ;

pendant l'été, de légers tremblements de terre se renouve-
lant, il vomit plusieurs fois des flammes ; l'Aso, volcan de
la province de Figo (32° 48' lat. N. et 129° 10' long. E.) et
le Mitake, sur la petite île de Sakurasima, qui fait partie
de la province de Satsuma (31° 36' lat. N., et 129° 20'
long. E.), eurent également des éruptions assez fortes.
Les habitants de l'île de Nippon, et même de Iedo et de
ses environs, dans le voisinage du fameux Fusi-jama et de
l'Asa-jama, volcan brûlant, entre 35 et 37° de latitude et
sous 136° 10' long. E., ressentirent de brusques secousses.

Nous pouvons ainsi retracer sur un plan de huit degrés
de latitude et de sept degrés de longitude, une action volcanique qui, si nous connaissions tous les faits relatifs au
fleuve de feu dont nous avons parlé, s'étendrait bien plus
loin encore. Au Kamtschatka, par exemple, eut lieu, en
1828, une éruption de l'Awatscha.

Suivant les observations que nous communiquèrent au
Japon des personnes dignes de foi, les volcans commencent
ordinairement à jeter des flammes vers le moment du flux,
et aux éruptions comme aux tremblements de terre, succè-
dent toujours des inondations causées par une marée extraordinairement haute. On prétend avoir entendu, pendant ces scènes imposantes, un bruit souterrain semblable
au mugissement de la tempête. On n'aperçoit aucune
vapeur de soufre ou de salpêtre lors des tremblements de
terre ordinaires. Du reste, c'est chose jugée au Japon, que
sur mer on en ressent le contre-coup. Les météorologues
du pays prédisent avec confiance les variations atmosphériques d'après l'heure où commencent les bouleversements
du sol. Si c'est à midi ou à minuit, ils apportent des épi-
démies ; à deux heures et à six heures du matin, ils sont
les avant-coureurs d'une tempête, et lorsqu'ils ont lieu le

matin ou le soir, ils annoncent le beau temps. Le crédule paysan écoute ces prophéties avec une foi sans réserve et attribue les commotions souterraines à une monstrueuse baleine qui bat les côtes de sa queue. Les Japonais instruits en physique, y voient selon le système chinois, une lutte entre les éléments éthérés et les éléments terrestres ; et même dans les derniers temps, nos idées ont été admises par plusieurs d'entre eux.

Suit la description des nombreuses sources d'eau chaude qui se trouvent dans le pays (de Siebold, ouv. cité, t. I, p. 238 et suiv.).

Le 18 septembre de cette année, on ressentit deux secousses extrêmement violentes à Calcutta. Le même jour, on éprouva, à Dezima, un ouragan désastreux qui continua la nuit et la journée du lendemain. De Siebold ne parle pas de tremblement simultané du Japon.

1838. — Le capitaine Blake a vu fumer l'île Ivo-sima.

— Le même spectacle s'est offert à Guérin et à de la Roche Poncié en 1846. (*Cosmos*, t. IV, p. 417).

1845. — Le 3 juin, vers 6 heures du soir, à l'île de Samasana (à l'est de Formose par lat. 22° 58' 22" N., et long. 121° 26' E. de Gr.), légère secousse verticale. « Nous étions assis sur le haut d'une petite colline, dit le capitaine Belcher, et prêts à dîner, lorsque nous fûmes surpris par un choc soudain, comme si la colline allait s'ouvrir à son sommet et lancer dans toutes les directions *(in radii from the centre)*, les comestibles placés à terre devant nous. Au même instant la *Samarang*, qui se trouvait à l'ouest de l'île, éprouva un choc violent ; on crut avoir touché, mais on ne trouva pas de fond avec 50 brasses de sonde. » (*Narrative of the Voyage of* H. M. S. Samarang, t. I, p. 311 et t. II, p. 468. London, 1848, 2 vol. in-8°).

« Dans notre traversée de Nangasaki, aux Lou-Tchou,

dit M. Adams, médecin et naturaliste de l'Expédition, nous passâmes au milieu d'un archipel comparativement inconnu et formé d'une quinzaine ou vingtaine d'îles coniques qui toutes présentaient évidemment l'aspect des cîmes d'une chaîne affaissée de montagnes volcaniques dans un état actif d'éruption, vomissant d'énormes volumes de fumée par les cratères placés à leurs sommets ou par les fissures ouvertes sur leurs flancs. » (*Ibid.* t. II, p. 474).

L'une de ces îles, au nord des Lou-Tchou, est marquée par ces mots : *Sulphur I. Volcano,* sur la carte de M. Belcher. C'est la plus septentrionale. La *Samarang* a relâché aux Lou-Tchou, du 18 au 22 août 1845. Elle a aussi relâché à Nangasaki. Mais je ne trouve pas d'autre fait seismique à relever dans la relation du voyage.

1845. — Le 17 septembre, vers deux heures et demie du soir, à l'île Decima, près Nangasaki, (lat. 32° 45' N. et long. 129° 52' E. de Gr.) faible tremblement.

Le 27, 4 h. du matin, une nouvelle secousse.

— Le 21 décembre, 4 h. 15 m. du matin, tremblement du NE au SO, d'environ une minute de durée.

1846. — Vers minuit, du 8 au 9 février, une légère secousse (1).

— Dans le courant de cette année, Guérin et de la Roche Poncié ont vu fumer l'Iwo-sima. (*Cosmos,* t. IV, p. 417).

1847. — Le 11 janvier, vers 4 h. du soir, à l'île Decima, près Nangasaki, une légère secousse.

1848. — Le 14 janvier, entre 1 h. et 1 h. 1/2 du soir, à l'île

---

(1) Extrait des observations météorologiques faites à Decima, de janvier 1845 à septembre 1848, et publiées dans les *Mém. de l'Acad. d'Amsterdam,* 3e série, t. IV, p. ccxvii-ccxxxiii.

Decima, léger tremblement, accompagné de grêle, de pluie, de neige et de tonnerre.

Le 24, 11 h. du matin, violente secousse suivie peu à près d'une seconde et d'une troisième semblable à la première.

— Le 4 avril, entre 8 et 9 heures du soir, une secousse.

Le 10, vers 1 h. du matin, forte secousse de l'Est à l'Ouest.

— Le 3 mai, 7 h. 1/2 du soir, légère secousse.

Le 20, 5 h. du soir, secousse légère.

— Le 4 juin, vers 1 h. du matin, forte secousse.

— Le 13 juillet, après 7 h. du soir, légère secousse du S E. au N O.

Le 20, 2 h. après-midi, lente secousse (1).

1848. — Le 6 novembre, 7 h. 1/2 du matin, à l'île Decima, près Nangasaki, une légère secousse du N N O au S E (*sic*) et de dix secondes de durée.

— Le 11 décembre 8 h. 3/4 du matin, secousse du S S E au N O (*sic*), et de trois secondes de durée.

Le 25, 10 h. 27 m. du soir, une forte secousse du N O au S E. Durée, quatre secondes.

1849. — Le 16 février, 5 h. 25 m. du matin, secousse violente ; durée, une minute; direction de l'Est à l'Ouest.

— Le 5 mai, 6 h. 5 m. du soir, violente secousse du S au N., et de trois secondes de durée.

Le 19, 11 h. 1/2 du matin, deux secousses très-légères.

---

(1) Même source que pour 1845 et 1846.

—Le 7 août, 2 h. 1/2 du soir, violente secousse horizontale du S O au N O., et de douze secondes et demie de durée.

Le 17, 5 h. 40 m. du matin, secousse horizontale de l'E au S O (*sic*), et de vingt secondes de durée.

— Le 2 septembre, 2 h. 1/2 du matin, légère secousse horizontale du N E au S O. (1).

1850. — Le 3 juin, sur la côte du Japon, trois secousses. Ce sont les seules mentionnées dans le récit du naufrage du navire *Eamont* d'Hobart-Town. Les naufragés demeurèrent au Japon, du 22 mai au 9 novembre suivant ; mais il est probable qu'ils en ressentirent d'autres ; car, suivant Kæmpfer, elles y sont si fréquentes, que les Japonais y sont aussi habitués qu'en Europe nous le sommes aux orages (Comm. de M. W. Mallet).

— (Sans date mensuelle). Eruption sous-marine aux environs de Formose. (Voy. au 15 janvier 1854).

1851. — Le 20 juillet, 7 heures du matin, à l'île Decima, légère secousse horizontale de l'Ouest à l'Est, et de deux secondes et demie de durée. (Même source que pour 1848 et 1849).

1852. — Le 23 janvier, 9 h. 1/2 du soir, à l'île Decima, une légère secousse de l'Est à l'Ouest.

— Le 7 mars, 8 h. 20 m. du soir, tremblement du N N E au S S O ; durée, trois secondes.

---

(1) *Nederlandsch Meteor. Iaarboek*, 1855, par M. Buys-Ballat. Les observations de Nansagaki s'étendent d'octobre 1848 à octobre 1851 inclusivement. On n'y trouve aucune secousse mentionnée pour 1850.

— Le 7 avril, 4 h. du matin, deux secousses, du Sud au Nord, à dix minutes d'intervalle.

— Le 16 juin, 5 h. du matin, une secousse du S E au S O (*sic*); durée, deux secondes.

— Le 23 septembre, 9 h. du soir, tremblement violent (1).

1853. — Le 29 octobre, par 24° lat. N. et 121° 50' long. E. (de Gr.), le *Southampton*, de la marine américaine, aperçut un volcan sous-marin en pleine activité, à dix milles de Formose. « Les colonnes de fumée, dit le lieutenant Boyle, s'élevaient à une hauteur extraordinaire, et tout le phénomène me rappelait celui dont j'avais été témoin sur les côtes de Sicile, lors de l'apparition de l'île Julia ; seulement le spectacle était plus imposant et l'éruption plus violente, quoique, à cause des nuages de fumée, aucun courant de lave ne fut visible. La profondeur de l'eau était ici beaucoup plus considérable que sur les côtes de Sicile, et cette profondeur seule aurait suffi pour empêcher de voir la lave. » La vigie, placée sur les hunes, crut d'abord que ces manifestations étaient dues à un navire à vapeur. Le *Macedonian*, qui passa dans cet endroit quelques jours après le *Southampton*, eut son pont et toutes ses voiles couvertes d'une cendre blanche (*Zeits. f. allg. Erdkunde*, N. Folge, t. I, p. 270).

1854. — Le 15 janvier, le *Susquehannah* doubla la pointe sud de Formose et observa de petits volcans en activité.

---

(1) *Nederlandsch meteorologisch Jaarboek*, par M. Buys-Ballot, année 1856. Les observations s'étendent de 1852 à 1855, mais avec une lacune du premier octobre 1852 au 30 septembre 1855.

Déjà, en janvier 1850, le lieutenant Jones, commandant le sloop de guerre le *St-Mary*, de la marine des Etats-Unis, avait, par 20° 56' lat. N et 134° 45' long. E, remarqué un phénomène semblable. Le navire, dans sa traversée des îles Sandwich à Hong-Kong, se trouva dans ces parages; la mer était calme et le vent modéré de l'Est. Tout à coup le vent tomba, la mer devint houleuse, l'air brûlant, et une partie de l'équipage ressentit une forte odeur de soufre; on eut quelques coups de vent venant de divers points de l'horizon; mais avant qu'on eut pu carguer les voiles, tout était redevenu calme. Le tout dura à peu près 25 minutes, et le vent d'Est recommença à souffler comme auparavant. C'est à l'O N O de ce point que se manifesta le phénomène du 29 octobre 1853. (Même source).

— Le 26 mars, 8 h. 1/2 du matin, à l'île Decima, très-fort tremblement vertical (Annuaire cité de M. Buys-Ballot).

1854. — Le 27 mai, à la baie des Volcans, du côté du Nord-Est, deux volcans étaient en pleine éruption et lançaient d'énormes masses de fumée que la brise dispersait sur leurs flancs couverts de neige (Le comm. Perry, l. c. p. 536).

Le même navigateur a vu, à peu près à la même époque, le Mont Fusi qui ne présentait aucun signe d'activité. (*Ibid.* p. 316).

1854. — Le 23 décembre, 9 h. 1/4 du matin, à Simoda, tremblement désastreux.

M. Ritter a donné à la séance du 5 juin 1855, lecture à la Société géographique de Berlin, d'une communication de M. de Humboldt, relative aux ravages que ce tremblement a faits. Elle est puisée dans des lettres du docteur Macgowan, de Macao et dans *The North China Herald,* nᵒˢ des 8 et 17 mars 1855.

Sous le titre : *Das letze grosse Erdbeben in Japon* (1),
M. Gumprecht paraît avoir reproduit cette communication.

M. Gumprecht commence par rappeler la vive intensité
de cette zone volcanique qui commence à l'île St-Paul ou
d'Amsterdam, se relie aux îles de la Sonde, aux archipels
des Moluques, des Mariannes, des Philippines et des Lieu-
Kieu, puis au Japon, aux Kouriles et à la péninsule du
Kamtschatka, d'où elle rejoint les îles Aléutiennes.

Il rappelle ensuite la fréquence et la violence des tremblements de terre au Japon , d'après Charlevoix, Kæmpfer,
Thalberg, Tsitsing et Siebold, mentionne les soulèvements
permanents qui, en 1795 et 1814, ont eu lieu près d'Unala-
schka, qu'il rapproche de celui arrivé en **1822** au Chili, et
de celui qui vient de se manifester à Simoda. Enfin il donne,
d'après M. Ritter, les deux articles dont voici la traduction :

I. Extrait d'une lettre d'un officier des Etats-Unis, à bord
du vapeur le *Powhatan*, à l'embouchure du Yan-tzekiang,
en date du 2 mars 1855.

« Nous mîmes à la voile jeudi dernier (il y a une semaine), espérant pouvoir atteindre Shanghaï, dans une traversée de 5 jours ; mais à peine quittions-nous le port de
Simoda, que nous fûmes assaillis d'une violente tempête
qui nous força à brûler une masse énorme de charbon
pour lui résister. Cette tempête apaisée, il s'en éleva une
seconde qui dura plus longtemps encore, et après une
nouvelle pause, il y en eut une troisième encore, plus vio-

____

(1) *Zeitschrift fuer Allgemeine Erdkunde, herausg.* Von Dr. T. E. Gumprecht, Berlin, t. 5, cah. 4, p. 311-316, oct. 1855.

lente que les deux premières, de manière que le bâtiment pouvait à peine tenir la mer. Jamais, dans ma carrière de marin, je n'avais rien éprouvé de semblable.

» L'île de Niphon , sur laquelle se trouve Simoda , éprouva, le **23** décembre **1854**, un tremblement de terre épouvantable. La ville d'Ohosaca , l'une des plus grandes de l'empire du Japon , a été complètement détruite. Iedo a beaucoup souffert, mais plus encore d'un immense incendie qui a éclaté peu à près. La ville de Simoda n'était plus à notre arrivée qu'un monceau de ruines. Après les secousses, la mer s'éleva et inonda la ville entière ; elle recouvrit le sol à une hauteur de six pieds ; puis se retira avec une telle violence qu'elle entraîna tout, maisons, ponts et temples avec elle. Cinq fois, dans le jour, cette vague terrible envahit le pays dont elle a fait un vaste désert. Les jonques les plus grandes qui se trouvaient dans le port furent soulevées au-dessus de la marque des plus hautes eaux et lancées à un ou même à deux milles dans les terres. Heureusement, beaucoup d'habitants, à l'approche de la vague, purent s'enfuir sur les montagnes voisines, mais plus de deux cents ont été noyés. La frégate russe, la *Diane*, de **50** canons, sous le commandement du vice-amiral Putiatin, qui se trouvait à bord, était alors dans le port de Simoda avec l'expédition que le gouvernement russe avait envoyée à l'occasion de notre traité de commerce avec le Japon. Immédiatement après la première secousse, toute la masse d'eau du port éprouva de telles perturbations, de telles fluctuations, de tels tourbillonnements que, dans l'espace de **30** minutes, la frégate tourna **43** fois sur elle-même et que ses cordages et ses chaînes s'entortillèrent en nœuds inextricables. Les mouvements étaient si brusques qu'aucun homme ne pouvait se tenir sur ses jambes et que tous éprouvèrent le vertige.

» Quand les eaux se furent retirées, la frégate qui tirait ordinairement 21 pieds d'eau, resta par 8 pieds de fond seulement. Quand le flot revint, le niveau s'éleva à 30 pieds au-dessus de sa hauteur ordinaire ; mais comme l'eau se retira encore une fois, la frégate resta cette fois par 4 pieds seulement, de manière que le capon de l'ancre se trouvait hors de l'eau. Le soulèvement du fond de la baie fut si violent, que la frégate, quoique se trouvant encore par 4 pieds d'eau, dérapa et chassa sur ses ancres. Les officiers du navire pensaient voir, à chaque instant, le fond de la baie s'entrouvrir, donner naissance à un volcan et les engloutir. Aussitôt que le bâtiment se retrouva à flot, on s'aperçut que la quille était endommagée ; le gouvernail flottait auprès du vaisseau que l'eau commença à remplir. On chercha par tous les moyens à le maintenir à flot, et on le vit, les jours suivants, au fond de la baie, quand la mer eut repris son repos. On éprouva cependant encore quelques secousses, mais qui n'augmentèrent pas les dommages.

» Le bâtiment ne pouvait être réparé dans le port de Simoda; on le remorqua, et avec une centaine de barques japonaises, on le conduisit dans un autre port situé à sept milles de distance. Mais là encore, la frégate fut assaillie par une tempête et sombra : l'équipage et les officiers, recueillis dans les barques japonaises, échappèrent à la mort, mais chacun ne sauva à terre que ce qu'il portait sur lui. On n'eut à déplorer que la perte de quelques matelots écrasés par des canons entre lesquels ils se trouvèrent saisis. »

II. Extrait du livre de Loch de la frégate la *Diane*:

« On éprouva la première secousse à 9 h. 1/4 ; elle fut très-violente sur le pont et dans les cajutes, elle se prolongea de 2 à 3 minutes ; aucun signe précurseur ne l'avait annonçée. A **10** h. une grande vague s'élança dans la baie où la frégate était à l'ancre, et dans l'intervalle de quelques minutes, toute la ville, avec ses maisons et ses temples, fut couverte d'eau ; les nombreux bâtiments qui se trouvaient à l'ancre, battus par les flots, furent jetés les uns contre les autres et éprouvèrent de graves dommages; on vit flotter aussitôt une masse de débris. Au bout de cinq minutes, on vit toutes les eaux de la baie s'élever et bouillonner, comme si des milliers de sources avaient jailli tout à coup ; elles étaient mêlées de boue, de lehm, de paille et d'autres matières étrangères de toute nature ; elles s'élancèrent sur la ville et sur les terres avec une force épouvantable et tous les bâtiments furent anéantis. Notre équipage dut fermer toutes les embrasures des canons, l'eau était couverte de poutres et d'épaves de toute espèce, qui flottaient autour de nous. A **11** h. **1/4**, la frégate chassa sur ses ancres et en perdit une; bientôt après elle perdit la seconde, et le bâtiment alors éprouva un mouvement giratoire et fut entraîné avec une violence qui s'accrut encore avec la vitesse toujours croissante de l'eau. La ville entière n'offrit plus qu'une scène déserte; d'environ mille maisons, dix-sept seulement restaient encore debout. D'épais nuages de vapeurs couvrirent en même temps l'emplacement de la ville, et l'air fut rempli de vapeurs sulfureuses. L'élévation et la chute de l'eau furent si rapides dans cette baie étroite, qu'il s'y forma d'innombrables tourbillons, au milieu desquels la frégate tourna sur elle-même, si fortement, que tout à bord fut renversé. Vers **10** h. **1/2**, une jonque, entraînée par un de ces terribles mouvements giratoires, avait été jetée contre la frégate, s'était ouverte, brisée et avait sombré. Deux hommes seulement, auxquels on avait jeté des cordes, furent sauvés, les autres trouvèrent la mort dans les cajutes où ils s'étaient retirés. Cependant la frégate se maintint au milieu de ces mouvements giratoires ; elle tourna 43 fois sur elle-même, mais non sans éprouver de grandes avaries au milieu des écueils qui l'environnaient de toutes parts. Les secousses réitérées firent sortir les canons de leurs places, un homme fut écrasé, plusieurs furent blessés. Jusqu'à midi, l'ascension et la chute de l'eau ne cessèrent pas dans la baie ; le niveau varia d'au moins 8 pieds jusqu'à 40 de hauteur. Vers 2 h., le fond de la mer se souleva de nouveau et d'une manière si violente, que la frégate fut plusieurs fois jetée sur le flanc, et qu'on vit l'ancre à 4 pieds de profondeur seulement. Enfin la mer se calma ; la frégate employa quatre heures entières à se débarrasser du réseau inextricable de ses cordages et de ses chaînes d'ancres entortillés et confondus les uns avec les autres. La baie n'était plus qu'un champ de ruines.

» Le 13 janvier seulement, on put obtenir du gouvernement japonais le permis nécessaire pour aller se réparer dans une autre baie. Cent jonques en reçurent ordre de remorquer la frégate. Heureusement les malades et les blessés furent placés dans les embarcations, car, avertis par la présence d'un petit nuage blanc, de l'approche d'une tempête, les Japonais coupèrent les câbles et s'enfuirent à terre. S'ils avaient attendu plus longtemps, l'équipage entier eût péri ; la frégate sombra immédiatement.

» Les bords de la baie montraient partout les traces de ce tremblement épouvantable ! Il me parut qu'il devait y avoir, sous la mer, un canal igné en communication directe avec le volcan de l'île Ohosima, il passerait sous la baie de Simoda et propagerait du SO au NE ces mouvements qui ont prédominé dans cette direction. Dans toutes les couches de roches aux environs, on remarque des masses de soufre.

» Mais l'île tout entière de Niphon a souffert de ce tremblement. A Jeddo même plusieurs maisons ont été renversées. A Kanagawa, où le premier traité de commerce entre les Japonais et les Etats-Unis de l'Amérique du Nord a été signé le 31 mars 1854 (1), il y a eu une muraille entière renversée. Osaka a souffert du tremblement et d'un incendie qui a eu lieu en même temps ; des masses de rochers se sont éboulées et ont écrasé des maisons avec les individus qui les habitaient. La ville de Simoda qui, dans le traité, avait été désignée comme le principal marché des Américains, n'est plus propre à cette destination, car le fond et les environs de la baie ont été tellement changés qu'ils ne pourraient plus offrir de sûreté aux navires américains. Il faudra donc recourir à un nouveau traité. »

M. C. Ritter ajoute à ces récits la remarque suivante :

Le despotisme du gouverneur japonais de la ville de Simoda, augmenta encore le malheur des habitants, qui n'avaient sauvé que les vêtements dont ils étaient couverts, car, suivant le rapport de M. Lobschied sur ce tremblement, il leur défendit, sous peine de mort, de rien retirer des décombres avant trois jours. Il faisait très-froid et très-humide, et ces malheureux, malgré le froid et la faim, ont dû rester trois jours et trois nuits, jusqu'à ce qu'il leur fût permis de rechercher quelques moyens de soulagement dans les décombres de leurs habitations. D'après les rapports officiels, le tremblement a coûté la vie à **90** hommes seulement, à Simoda.

---

(1) Ce traité se compose de 24 articles. L'officier dont nous venons de rapporter la lettre appartenait à l'expédition chargée de conclure ce traité. On trouve aussi une description de ce tremblement dans la relation du Comm. Perry, p. 570-589. Elle ne nous apprend rien de nouveau.

Le docteur Macgowan a inséré ces rapports dans sa lettre à M. de Humboldt. Il remarque d'ailleurs que depuis 70 ans on n'avait éprouvé aucun tremblement de terre aussi violent dans ce pays et que, chose étonnante, aucun des nombreux volcans du Japon n'a fait éruption.

Signé : C. Ritter.

A ces remarques M. Gumprecht ajoute :

Les nouvelles précédentes sur ce tremblement éprouvé au Japon, contiennent encore quelques notices que M. de Humboldt a eu la bonté de nous communiquer. Elles se trouvent dans la gazette de Hong-Kong, *Overland China Mail*, du 10 juin, et sont reproduites dans un rapport du D^r. Macgowan, qui les a lues à la Société asiatique de Hong-Kong avant de les envoyer à M. de Humboldt, auquel il les destinait. Dans son exposé, le docteur remarque la grande analogie que ce tremblement a offerte avec celui du 1er novembre 1755. En effet, comme dans le tremblement de Lisbonne, l'eau a augmenté dans les sources, à Chihkiang (Chine) ; après s'être éloignées extraordinairement des îles Bonin, les eaux de la mer y sont revenues avec force et ont couvert le rivage. Le soulèvement des eaux des lacs d'Écosse et les inondations que la mer causa à Madère, lors du tremblement de Lisbonne, sont des phénomènes du même genre. De même encore, en 1854, l'élévation et l'affaissement d'une île volcanique près de Formose ont été accompagnés d'une chute de poussière dans des lacs de Chine ; on ne peut affirmer si ce dernier phénomène était de nature volcanique ou organique ; on a remarqué enfin une haute température dans les courants près de Formose, et de même ce phénomène connu des Chinois sous le nom de *Cheveux blancs* (Weissen haare) (1) et qui se renouvelle assez fréquemment dans les régions de la Chine les plus sujettes aux tremblements de terre. Peut-être est-il dû au contact de vapeurs et d'acide sulfurique avec l'air atmosphérique.

Le même jour, 23 décembre, vers 9 h. du matin, à l'île Peel's (groupe des îles Bonin ou de l'Archevêque), une secousse légère. Demi-heure après, à Port-Lloyd (lat. 37° 20' N et 141° 45' long. E de Gr.), raz de marée extraordinaire ; la mer s'éleva à plus de 15 pieds au-dessus des plus hautes eaux et se retira immédiatement en laissant les récifs à sec. Le navire le *Wat Cheer*, chassa sur ses ancres et tourna sur lui-même. Les oscillations se répétèrent de quart d'heure en quart d'heure, en diminuant d'intensité ; mais le 25 au soir, les eaux s'élevaient encore à une hauteur de 12 pieds ; les marées ne reprirent leur régularité que dans la matinée du 26. Les habitations des résidents furent plus ou moins endommagées ; quelques maisons furent complètement rasées.

Pendant tout le temps que dura ce phénomène, le ciel fut clair, le vent léger et le baromètre à 29 p. 90. Il n'y eut pas d'oscillation sensible (*apparent*) du sol.

Ces îles ont déjà éprouvé plusieurs fois de grands dégâts de ce genre ; on reconnaît à des marques évidentes (des coraux et des coquilles) que leur niveau s'est élevé d'au moins 50 pieds. Les pierres ponces y abondent et les résidents m'ont affirmé, dit l'auteur de cette notice, que quelques années auparavant la mer avait paru couverte

---

(1) Plusieurs fois dans mes catalogues annuels, j'ai mentionné l'apparition d'une matière filamenteuse observée sur le sol après des tremblements de terre à Shangaï. Voy. un phénomène semblable, au 13 mai 1848, dans le catalogue de cette année.

de produits volcániques. (The sea was covered with the evidences of volcanic agency, which they said came in from seaward). L'île du *Soufre*, qui est un volcan actif (situé par 24° 48' lat. N et 141° 13' long. E de Gr.) est regardée comme étant la cause de ces phénomènes. (P. W. Graves, (*Quart. Jour. of the geol. Soc.*, N° 44, p. 532).

M. Graves dit, on le voit, qu'il n'y a pas eu apparence de mouvement dans le sol. D'autres, comme M. Roth, disent qu'il y a eu une légère secousse vers 9 h. du matin ; c'est celle que je cite au commencement de cet article.

Le 24, vers 5 h. du soir, à How-Chow, Keaking et Hœning (Chine), la mer eut aussi de fortes oscillations.

1854. — Ces oscillations des eaux de l'Océan se sont propagées jusque sur la côte occidentale de l'Amérique. Le comité des côtes des Etats-Unis a établi des appareils autographes pour enregistrer la hauteur des marées sur les côtes de la Californie. Le lieutenant Trowbridge, chargé de l'observation de ces instruments, a remarqué de grandes irrégularités dans les courbes de San Diego, les 23 et 25 décembre 1854. Ces irrégularités ne pouvaient être attribuées à des circonstances météorologiques qui n'ont rien présenté d'extraordinaire ces jours-là. « Il y a donc toute raison de supposer, écrivait M. Trowbridge, qu'elles sont l'effet d'un tremblement sous-marin. » Cependant il n'y a pas eu de tremblement de terre à San Francisco, dont les appareils autographes ont présenté les mêmes irrégularités.

M. Bache a rapproché ces faits des tremblements de terre du Japon, et quoique les renseignements dont il a pu disposer fussent incomplets, la discussion des courbes des marées extraordinaires, observées en Californie, l'a conduit aux résultats suivants pour le 23 décembre.

« L'onde soulevée à Simoda , par le tremblement de terre, transmise ou propagée jusqu'à San Francisco , a parcouru de 363 à 370 milles par heure, ou 6 milles à peu près par minute.

» Les observations de San Diego donnent à peu près la même vitesse, 355 milles par heure. »

M. Bache est allé plus loin : il 'a cherché à conclure de ces résultats la profondeur moyenne de l'Océan Pacifique sur le passage de ces ondes seismiques. « Nous avons trouvé, dit-il, une vitesse de 6,0 à 6,2 milles par minute, et la durée d'une oscillation de 35 minutes à San Francisco, et de 31 minutes à San Diego. Ceci donnerait pour la longueur de l'onde à San Francisco 210 à 217 milles, et à San Diego 186 à 192 milles.

» Une onde de 210 milles de longueur se mouvrait avec une vitesse de 6,0 milles par minute, dans une profondeur de 2230 brasses. (Airy, *Tides and Waves*, ENCYCLOP. MÉTROP., p. 291, tabl. II). Une onde de 217 milles de longueur, à la vitesse de 6,2 milles par minute, répond à une profondeur de 2,500 brasses. La profondeur correspondante à la passe de San Diego est de 2100 brasses (1). »

Quant aux irrégularités du 25 décembre, elles n'ont pas d'origine connue, mais leur foyer doit avoir été plus rapproché de San Diego que de San Francisco. C'est l'opinion du savant que nous venons de citer.

1855. — Le 7 janvier, 11 h. du matin, à l'île Decima, une secousse du NE au SO.

---

(1) Notice of Earthquake Waves on the western coast of the United States, on the 23d. and 25 th. of december, 1854 ; by A. D. Bache , Superintendant U. S. Coast Survey. *Amer. Journ. of Sc.* t. XXI, p. 37-43, n° 61, January, 1856.

Le **28**, 10 h. 1/2 du soir, en mer, à **5** ou **6** milles de la baie de Simoda, une secousse de **15** à **20** secondes de durée.

Le **31**, à Simoda, plusieurs secousses (M. Meriam).

— Le **4** février, 3 h. 20 m. du matin, à l'île Decima, autre tremblement. (Même source que pour **1852**).

— Au **22** février, les secousses continuaient encore à Simoda (*vide suprà*).

— Le **19** mai, 9 h. du soir, à l'île Decima, médiocre secousse du SO au NE. C'est la dernière signalée dans les tableaux des observations météorologiques que je viens de citer.

— Le **11** novembre, 10 h. du soir, à Jeddo (Japon), tremblement désastreux qui a détruit cent mille maisons, **54** ou **57** temples et trente mille personnes. La terre s'est entr'ouverte en plusieurs endroits et a englouti des quartiers entiers. Ce tremblement a aussi été très-fort dans les ports d'Hakodadi et de Simoda où les interprètes de ces deux places ont fait au capitaine Morchouse (ou Morchoux) de Massachussets, des récits terribles de ce phénomène.

M. Kluge donne la date du **12** qui me semble inexacte. Le Journal *la Vérité* du 1er avril 1856 donne la date du **15**. Mais le *Moniteur* et les autres journaux français des derniers jours de mars indiquent tous le **11**.

1856. — Suivant des nouvelles du Japon, en date du **18** novembre, Hakodadi aurait beaucoup souffert d'une inondation des eaux de la mer et d'un tremblement de terre. (M. Kluge).

— On lit dans la *Presse* du **30** mars : « Un tremblement de terre épouvantable a eu lieu au Japon. La ville de Joddo (Jédo?) a été détruite ; dix mille maisons ont été renversées ; trente mille personnes ont péri. »

Je lis encore dans le *Moniteur*, du 7 décembre 1859 :

« Les tremblements de terre sont par malheur très-fréquents au Japon ; en outre, ils sont de longue durée. Le tremblement de 1856 s'est fait sentir avec une intensité variable, environ quarante jours. »

1857. — Le 12 mars, 6 h. 5 m. du matin, à la bonzerie d'Amikou, près de Nafa, dans la principale des îles Lou-Tchou, par 26° 15' 20" lat. N et 126° 23' 40" long. E de Paris, première secousse constatée par le P. Furet, missionnaire apostolique. Elle fut assez forte pour faire craquer la maison en bois et dura 83 secondes. A 8 h. 45 m. du matin, nouvelle secousse légère et de quelques secondes de durée. Temps calme. *(Comptes rendus*, t. 48, p. 396).

Le 8 avril, 6 h. 30 du matin, nouvelle secousse assez forte qui n'a duré que quelques secondes. A 6 h. du matin, therm. 15° ; barom. 763^{mm} 7.

Le 27 octobre, 4 h. 25 m. du soir, secousse qui a duré quelques secondes.

Vers minuit, du 30 novembre au 1er décembre, violente secousse. Temps calme. (Le P. Furet).

1858. — Le 6 janvier, 10 h. 27 m. du matin, près de Nafa, (îles Loù-Tchou), secousse qui a duré une minute au moins. Toutes les maisons en bois ont craqué. Temps très-calme et très-beau. A 10 h. du matin, therm. 21° ; barom. 763^{mm} 3.

Le 19 février, vers 5 h. du soir, une seule secousse ; à 9 h. 30 m. du soir, un peu de grêle.

Le 23 mars, 8 h. 32 m. du soir, une première secousse avec bruit sourd, suivie d'une seconde assez forte pour agiter les objets suspendus.

Le 10 mai, vers 2 h. 30 m. du matin, secousse violente.

Le **20** juillet, 6 h. 54 m. (soir?), deux secousses dont la seconde dura assez longtemps. Orage à l'Ouest.

Le **22** septembre, **2** h. 30 m. du matin, forte secousse qui dura une minute au moins. C'est la dernière signalée dans le journal du **P. Furet** qui en a ainsi noté **11** en **22** mois.

1859. — Le **15** janvier, vers 10 h. 30 m. du soir, à Chacodate (1), sur l'île Jeso ou Matsmai, dans le détroit de Sangar (Japon), deux légères secousses qui ont duré *seulement* (*sic*) une demi-minute.

Le **25** février, deux légères secousses du N au S et de **15** secondes de durée.

Le **26** avril, une légère secousse qui a durée une demi-minute.

Le **12** juin, 5 h. du soir, deux légères secousses du N au S et qui n'ont duré que trente secondes.

Le **15** août, vers **8** h. du soir, tremblement plus fort que tous les précédents; il a duré une minute.

La ville de Chacodate est située par lat. 41° 48' 30" N et long. 140° 47' 15" E de Gr., suivant le lieutenant Maury. A 50 verstes au nord s'élève un volcan de 3169 pieds de hauteur. Ces observations sont dues à M. Abrecht, médecin du consulat de Russie. Ce sont les seules secousses mentionnées dans ses observations météorologiques, qui comprennent l'année entière, nouveau style. (*Corresp. météor.* de M. Kuppfer, pour 1857. Pétersbourg, 1860, in-4°).

Je lis dans le *Moniteur* du **19** novembre une lettre écrite de Jeddo, mais non datée ou dont le journal ne donne pas la date. . . « Il n'y a aucune trace d'architecture. . . . La cause en est dans les tremblements de terre qui sont si

-----

(1) D'autres écrivent Hakodade et Yesso.

fréquents dans ces contrées. Il n'y a de hautes et solides murailles qu'au bord du fossé qui défend la ville. Ces murs, qui s'élèvent à 30 ou 40 pieds, sont formés de grands blocs de granit curieusement enchâssés les uns dans les autres. Par la singularité de la maçonnerie et par son épaisseur, il semble que de telles murailles doivent résister même aux tremblements de terre. Mais toute autre muraille dans la ville est bâtie en traverses de bois fortement agencées, reliées entre elles par des cloisons de bambou et n'ayant jamais plus de deux étages, encore à peine peut-on appeler étage la soupente qu'éclaire la croisée pratiquée dans la guérite caractéristique de Jeddo. Mais c'est un mode de construction qui a l'avantage de résister admirablement aux secousses terrestres. *Même à présent, depuis que j'écris, toute la maison et la terre sous mes pieds ont tremblé plusieurs fois;* cependant la solidité de la construction n'a été aucunement ébranlée, les habitants n'ont pas craint pour leur sûreté un seul instant. Si l'on se préoccupait outre mesure des tremblements de terre, il ne resterait personne dans Jeddo, et, nous l'avons dit, cette ville a deux ou trois millions d'habitants. »

1860. Le 12 décembre, le *Granada*, bateau de la Compagnie Péninsulaire, quitta la Chine pour se rendre à Iedo. Le 14, il était en vue de terre. Ce n'étaient d'abord que des rochers, une suite d'ilots qui prolongent vers le sud la pointe de l'île en une longue ligne de récifs : puis ce furent les terres du détroit de Van-Diémen et le cap Tchitchakoff. C'était le commencement du Japon avec sa nature tourmentée et volcanique. Presque tous ces îlots sont des rochers nus et à pic, et deux d'entre eux sont des volcans en éruption. « C'était la première fois, dit l'auteur auquel j'emprunte ces détails, que je voyais ce dernier spectacle et je le dévorais des yeux comme bien tu penses. Un pic immense, isolé au milieu des îlots, se présentait devant nous avec ses rochers escarpés et ses bords inaccessibles, vomissant des tourbillons d'une fumée épaisse qui de loin lui faisait comme un panache. »

Le **17**, le *Granada* entra dans la baie d'Iedo. (Lettre d'un officier français, *Courrier de Lyon*, **29** avril **1861**).

Ces deux îlots paraissent être ceux de Tanega-sima, qu'on représente ordinairement comme une simple solfatare et d'Iwo ou Iewo-sima qui du temps de Kæmpfer, en **1691**, lançait déjà de la fumée et qui brûle continuellement. Quant au pic immense dont l'auteur parle en dernier lieu, je ne vois pas quel il put être, s'il n'est pas le volcan de Mitake, situé à environ **54** milles d'Iwo-sima.

Après avoir décrit la manière dont les Japonais construisent leurs maisons qui sont en bois et qui n'ont pas plus d'un étage au-dessus du rez-de-chaussée, notre jeune compatriote ajoute : « Ce genre de constructions si légères et posées sur le sol comme une guérite de factionnaire sans aucune espèce de fondations, n'est pas ici une fantaisie, mais il a sa raison d'être dans des tremblements de terre si fréquents qu'il se passe, dit-on, rarement une semaine sans qu'on en ressente quelque secousse plus ou moins forte. (Journal cité, n° du 1er mai **1861**). Cependant l'auteur qui a séjourné deux ou trois semaines dans le port européen de Kanagawa (baie de Iedo), ne paraît pas avoir éprouvé de tremblement de terre, du moins il n'en mentionne aucun.

Je ne discuterai pas les faits rapportés dans ces documents, bien qu'on puisse dès aujourd'hui en tirer des conséquences intéressantes ; leur discussion sera beaucoup mieux placée, il me semble, à la fin du travail du même genre que je me propose de publier sur les îles Kouriles, le Kamtschatka et les îles Aleutiennes. Toute cette bande volcanique qui enveloppe le bord oriental de l'Asie forme une zone continue qui me paraît devoir être discutée dans son ensemble et rapprochée ensuite des manifestations seismiques qui ont lieu au sud, dans les archipels de la Sonde, des Moluques et des Philippines, et au nord dans la péninsule d'Alaschka qui la rattache à la grande série linéaire du continent américain.

Dijon, 6 décembre 1861.

NOTES ADDITIONNELLES.

ILES LOU-TCHOU. — A ce groupe appartiennent les îles Cléopâtre, ainsi nommées par le cap. Guérin, en 1846. Elles sont au nombre de deux seulement, très-rapprochées l'une de l'autre, petites et inhabitées. Leur forme conique indique leur origine volcanique comme évidente. Leurs cratères sont parfaitement visibles. La hauteur du plus grand a été évaluée à 1650 pieds par l'Expédition américaine qui a fixé la pointe sud de ces îles par lat. 28° 48' N. et long. 128° 59' 50" E. de Gr. (1).

ILES BONIN. — Les îles Bonin sont hautes, rocheuses et évidemment de formation volcanique. Leur configuration et leurs caractères minéralogiques prouvent à la fois leur origine : on y voit du basalte columnaire, on y trouve de l'amphibole (hornblende) et de la chalcédoine. On y rencontre toutes les indications d'une ancienne action volcanique (There are all the indications of past volcanic action), et le plus an-

---

(1) American Expedition to Japan, p. 377.

cien résident nous assura qu'il y avait encore éprouvé *deux ou trois tremblements de terre chaque année* (1).

L'auteur ajoute un peu plus loin, p. 239 : « L'origine volcanique de l'île Peel est clairement indiquée par l'existence d'anciens cratères. La roche de trapp, mêlée d'amygdaloïdes et d'une pierre verte, formait la base.

1804. — Le 5 octobre de cette année, Krusenstern vit sur la côte sud de Satzouma, un volcan duquel s'élevait constamment une colonne de fumée et qu'il crut être le mont Unga , que Belcher appelle aussi Ungem. (*Voyez* à cette date).

Mais ni l'un ni l'autre de ces deux noms ne se trouvent parmi ceux que j'ai cités dans la description des volcans de l'île de Kiou-siou. La position indiquée dans le sud de Satzouma, par Krusenstern, ferait penser qu'il s'agit du Mitake. Mais la latitude donnée par Belcher, 31° 43', se rapproche tellement de celle du Kiorisima , 31° 43', qu'on est tenté de les prendre l'un pour l'autre malgré la différence de longitude des deux provinces. Cependant je ne les identifierai pas encore. J'attendrai de nouveaux renseignements. Mais, j'ai cru devoir présenter ces remarques dans mes notes additionnelles , comme un des exemples des difficultés qu'offre encore ce sujet.

1812. — En mai, à Matsmai, tremblement violent. « Une nuit, dit le cap. Golownin dans le récit de sa captivité, un violent tremblement de terre eut lieu ; notre prison fut ébranlée et nous entendîmes un grand tumulte dans la cour

---

(1) Francis L. Hawks, Narrative of the Expedition of an American Squadron to the China Seas and Japan , performed in the years 1852-1854, under the Command of Commodore M. C. Perry, p. 231 et 232. New-York, 1856, grand in-8°. L'Expédition arriva aux Iles Bonin le 14 juin 1853. Elle y trouva un Américain nommé Nathaniel Savory qui y résidait depuis 1830.

et dans les rues. Nos gardiens s'approchèrent immédiatement de nous avec des lanternes et cherchèrent à calmer nos alarmes en nous disant que ce n'était qu'un tremblement de terre, phénomène très-fréquent au Japon, mais qui rarement offrait du danger (1). »

1826. — « Nous apprîmes de Wittrein, qui avait résidé huit mois dans cette île (Peel's Island) dit le cap. Beechey, qu'en janvier 1826, elle avait été visitée par un ouragan épouvantable et un tremblement de terre qui ébranla le sol avec une telle violence et souleva en même temps les eaux à une telle hauteur, que lui et son compagnon, pensant que l'île allait être engloutie par la mer, cherchèrent leur salut sur les collines. Cette tempête qui ressemblait aux typhons de la mer de Chine, commença au nord, tourna à l'ouest et fit tout le tour du compas. Le vent souffla avec une si grande violence que tous les arbres furent déracinés ; le schooner que l'équipage du *William* avait commencé à construire, fut détruit, et la cargaison du navire qui depuis son naufrage flottait dans la baie, fut portée dans les terres. D'après la position de quelques tonneaux, nous jugeâmes que l'eau s'était élevée à douze pieds au-dessus de son niveau ordinaire ; mais les matelots (témoins du phénomène) affirmaient qu'elle s'était élevée à vingt pieds.

» Wittrein et son compagnon nous apprirent qu'ils y avaient éprouvé de fréquentes secousses de tremblement de terre pendant l'hiver et nous répétèrent plusieurs fois qu'ils avaient vu de la fumée sortir des sommets des collines

---

(1) Japan and the Japanese: comprising the Narrative of a Captivity in Japan, t. I, p. 302. London, 1853, new edition, 2 vol. in-8°. L'auteur fut retenu prisonnier depuis le 11 juillet 1811 jusqu'au 7 octobre 1813. Il dit ailleurs, t. I, p. 118, que les Japonais ne bâtissent qu'en bois à cause des violents tremblements de terre auxquels leur pays est sujet ; mais il ne mentionne pas d'autre secousse.

situées dans l'île au nord. L'île Peel, où nous avions jeté l'ancre, est entièrement volcanique, et il y a toute apparence que les autres du côté du nord sont de la même formation.

» Nous avons remarqué des colonnes basaltiques sur plusieurs points du Port Lloyd, et dans un endroit, M. Collie a observé qu'elles étaient divisées en courts fragments comme dans la Chaussée des Géants (as at the Giant's Causeway) : il a encore remarqué au fond de la baie, dans le lit d'une petite rivière où nous remplissions nos tonneaux, une espèce de pavé marqueté, composé de colonnes anguleuses, placées verticalement l'une à côté de l'autre ; elles avaient environ un pouce de diamètre et étaient séparées par des fissures horizontales. C'était une vraie miniature de la Chaussée des Géants. Beaucoup de roches étaient formées d'un basalte tufacé, de couleur grise ou verdâtre et fréquemment traversées par des veines de pétrosilex ; elles contenaient de nombreux nodules de chalcédoine ou de cornaline et de *plasma?* Les zéolithes n'y manquent pas et le stilbite, de forme lamellaire et foliacée, y est abondant. L'olivine et l'amphibole (hornblende) y sont communes. Nous avons souvent trouvé dans les druses une substance aqueuse qui avait une saveur astringente assez semblable à celle de l'alun, mais je n'ai pas pu en recueillir.

» Le Port Lloyd est à peu près environné de collines et le plan fait naître l'idée que c'est un ancien cratère éteint (1). »

---

(1) Narrative of a Voyage to the Pacific and Beering's Strait, in the years 1825-27, t. II, p. 230-234. London, 1831, 2 vol. in-8°. Le cap. Beechey, l. c., p. 239, doute que ces îles soient les Bonin-sima des Japonais et les regarde comme appartenant aux îles de l'Archevêque ou Archipel volcanique de Magellan. Il place le Port Lloyd par lat. 27° 5′35″ N. et long. 217° 48′ 30″ O. de Greenwich.

1853. — Le 29 octobre, éruption sous-marine sur la côte orientale de Formose. Aux détails que nous avons déjà donnés nous ajouterons les suivants que nous trouvons dans le rapport textuel du lieutenant Boyle : « Quand nous cessâmes de voir le volcan, il était encore en pleine activité. Il disparut au NNO, à une distance d'environ 10 milles. Il était alors 5 heures du soir. Il n'y avait pas de navire en vue.

« Peu de temps après, quand nous passâmes dans le voisinage de ce volcan, nous trouvâmes une mer si violemment agitée (a very heavy over-fall or rip) que l'officier de quart et les autres supposèrent d'abord qu'il y avait des brisants. Mais nous reconnûmes bientôt que c'était un simple effet du volcan.

» *Quelques jours plus tard*, ajoute-t-il, *j'appris, en arrivant aux Lou-Tchou, qu'on y avait éprouvé quelques secousses de tremblement de terre* (1).

1854. — Le 9 mai, l'Expédition américaine put, en sortant du golfe de Yedo, examiner l'île Oho-sima et les autres îles voisines. Pour mieux observer la première sur laquelle se trouve un volcan, les steamers eurent ordre d'en ranger de très-près la pointe sud. Le volcan était alors en pleine éruption et semblait avoir plusieurs cratères, ou s'il n'en avait qu'un seul, il devait être d'une grande étendue, car la vapeur et la fumée s'élevaient à de courts intervalles le long de la crête d'une chaîne de montagnes qui s'étendaient à une distance de quatre ou cinq milles.

Le 5 juin suivant, deux des vaisseaux de l'Expédition,

---

(1) American Expedition to Japan, p. 576. Dans une note on ajoute le récit du phénomène observé dans ces parages par le sloop de guerre le *Saint-Marie*, en 1830. On y donne la date mensuelle ; elle est de janvier 1850.

le *Powhatan* et le *Mississipi*, revirent, mais de loin, le volcan d'Ohosima ; il s'en échappait encore de la fumée (1).

1854. — Le 27 mai, le vaisseau le *Southampton* de l'Expédition américaine, visita la baie des Volcans. Au nord-est, deux volcans étaient en pleine éruption ; il s'en échappait une épaisse fumée qui brillait au soleil et que la brise emportait sur les montagnes voisines.

Le lendemain ou le surlendemain, en visitant la baie d'Endermo, on aperçut un troisième volcan qui était aussi en éruption et dont les vives et grandes émissions de flammes qui s'échappaient du sommet produisaient un effet merveilleux au milieu de la nuit. Pendant que les deux autres ne vomissaient que de la fumée, celui-ci éclairait tous les environs sur terre et sur mer (2).

1854. — Le 23 décembre, naufrage de la frégate russe *la Diana* au mouillage de Simoda. En voici le récit extrait des Annales maritimes de Russie et traduit par un officier russe. Je le reproduis *dans toute son originale authenticité*, suivant l'expression de l'officier de la marine française, M. J. Claverie, auquel j'en dois la communication (3).

« Vers 10 heures du matin, étant dans ma cabine, je sentis

---

(1) American Expedition to Japan, p. 494 et 546. Le 17 juillet précédent, l'escadre avait déjà aperçu ce volcan. L'île de Vries, autrement Oho-sima, et la plupart des îles voisines, dit M. Hawks, sont marquées des caractères ordinaires d'origine volcanique ; leur contour est arrondi, leurs sommets s'élèvent en cônes, dont les flancs abruptes sont brûlés par des courants de lave et les bases environnées de fragments irréguliers de roches détachées. Mais l'île du Volcan (Vulcan island) se distinguait des autres par son sommet volcanique et ses coulées de lave refroidie. (*Ibid.* p. 516).

(2) American Expedition to Japan, by Hawks, p. 536 et 537.

(3) Le manuscrit russe que je copie ne porte pas de date. Dans sa lettre, M. Claverie indique celle du 25 juin 1855 ; c'est évidemment une erreur. Ce naufrage est indiqué partout comme ayant eu lieu le jour du grand tremblement, c'est-à-dire le 23 décembre 1854.

une secousse qui fut éprouvée encore plus fortement dans
le carré des officiers. Un quart d'heure après ce tremblement de terre, l'eau près de la ville avait l'air de bouillonner, tandis que le courant de la rivière, devenant tout à
coup plus fort, produisit, sur les bas-fonds, des brisants,
des rejaillissements et des vagues. Au même moment, l'eau
venant de la mer, devint très-haute et en se troublant
très-fort commença à bouillonner autour de l'île Inubasiri
et des promontoires ; le niveau de l'eau montait promptement et les bateaux japonais qui étaient près de la ville
s'empressèrent à remonter la rivière ; en ce moment l'eau
commença promptement à baisser ; nous jetâmes notre
seconde ancre. Après quoi, l'eau remonta tout à coup et la
frégate commença à se tourner de plusieurs points de
chaque côté ; lorsque la force de l'eau prit le dessus, la
frégate fit un tour entier dans quelques secondes. Dès ce
moment les eaux hautes et les eaux basses alternèrent ra-
pidement, le niveau s'abaissait et s'élevait continuellement ;
il se forma un tourbillon entre l'île et le rivage. A mesure
que le flux et le reflux devenaient plus forts, le courant de
l'un et de l'autre devenait plus large et la frégate, que
faisait tourner le tourbillon, fut pressée tantôt contre l'île,
tantôt contre le rivage avec une grande vitesse, quoique
nous fussions sur deux ancres et que le fond fut bon.
On peut juger de la vitesse de ces mouvements par la
vitesse des tournoiements de la frégate : elle a fait quarante-
deux révolutions complètes dans trente minutes. Pendant
ce temps nous avons plus d'une fois couru le risque d'être
brisés contre l'île ou un des promontoires. Le premier
mouvement de ce genre qui produisit l'impression la plus
forte était contre l'île avec tout le bord. Il n'y avait aucun
moyen d'arrêter la frégate, nous regardions le rocher dont
nous approchions et nous nous attendions à chaque instant

que la frégate se briserait contre lui ; le bruit du torrent
enfermé entre la frégate et l'île devenait toujours plus fort.
Mais la frégate s'arrêta à trois pas du rocher qui nous me-
naçait, resta quelques secondes sans mouvement et puis
alla à rebours. Il plut à la providence de nous sauver cette
fois: la frégate fut jetée du côté opposé par l'eau repoussée
de l'île. En nous éloignant de la terrible Inubasiri, la frégate continua à se rapprocher tantôt de la ville, tantôt de
l'entrée de la baie. Les bateaux japonais, qui se trouvaient
dans la baie, furent portés dans toutes les directions. La
frégate jeta une troisième ancre.

» Pour la ville de Simoda, la seconde vague fut la plus
désastreuse ; elle s'éleva à dix-huit pieds au-dessus du niveau de la mer; toute la ville fut inondée ; pendant quelques
instants, on ne vit plus que les toits des temples. Le flux
suivant remplit la baie de débris de maisons, de jonques,
de toits entiers, de bestiaux, de corps humains et d'hommes
qui essayaient de se sauver sur les débris ; mais tout était
emporté dans un torrent d'eaux sales avec une rapidité incroyable ; des cordes avaient été jetées tout autour de la
frégate, mais les malheureux étaient entraînés loin de nous ;
nous n'avons pu sauver qu'une vieille femme qui fut
poussée contre la frégate. A peu près dans le même temps,
il s'éleva une fumée au-dessus de la colline où est bâtie la
ville.

» Après cette seconde vague, il en vint encore quatre
qui emportèrent les dernières traces de l'existence de la
ville de Simoda. Le flux et le reflux alternaient avec une
telle promptitude que dans une demi-minute la profondeur
variait de plus d'une brasse. La plus grande différence de
profondeur fut de cinq brasses et demie.

» Vers midi, la frégate tournoyait déja plus lentement ;
mais chaque nouveau flot l'entraînait vers les bas-fonds de

la côte nord, parce que les pattes des ancres autour des-quelles s'etaient entortillées les chaînes, ne tenaient plus au fond. Bientôt après, un nouveau mouvement nous fit courir le risque de briser le beaupré contre le bord vertical de l'île. Comme nous nous préparions à tout ce qui pouvait nous arriver, il fut ordonné d'amarrer les pièces d'artillerie, mais on n'eut pas le temps de finir que la frégate fut mise à la bande sur babord et si fortement, qu'il fut ordonné d'appeler tout le monde. La frégate avait l'air de vouloir se renverser; elle était couchée sur son babord et craquait dans tous ses joints. Cela dura à peu près une minute; avec le nouveau flux la frégate commença à se relever.

» Lorsqu'elle se fut relevée et fut de nouveau à flot, on annonça que l'eau montait très-fort dans la cale. Toutes les pompes furent mises en action ; au même moment une partie de la quille se montra à la surface de l'eau près du bord. Un quart d'heure après, la frégate fut de nouveau mise sur le côté pendant un nouvel abaissement de l'eau, mais beaucoup moins que la première fois. Le flux la poussait toujours plus près de la côte. Au second reflux, elle ne fut pas mise à la bande, quoiqu'il n'y eut que six pieds de profondeur et qu'une partie des ancres fut à sec, mais elle fut portée en avant par la force du courant. Après cela, la frégate fut encore mise trois fois à la bande, mais toujours de moins en moins.

» Ces agitations de la mer continuèrent jusqu'à 3 heures 1/2 et la frégate s'arrêta définitivement sur 22 pieds de profon-deur, à dix toises des rochers sous-marins. L'eau montait toujours dans la cale de deux pieds par heure, le gouvernail était brisé à la tête avec une partie de l'étambot. Le long de tout le rivage on apercevait les débris des bâtiments et des maisons, jusqu'à une hauteur de plus de trois brasses, au-dessus du niveau ordinaire. Sur mille maisons qu'il y avait à Simoda, il n'en est resté que seize à moitié détruites. Une partie avait été entraînée dans la mer, l'autre jusqu'aux pieds des montagnes qui entourent la ville. Ces mêmes montagnes ont arrêté un grand nombre de jonques dont plusieurs ont été transportées à une lieue du rivage.

» C'est ainsi que sous un ciel clair et avec très-peu de vent, *la Diane* fut mise dans un état complet de délabrement, rien que par les agitations et les changements des fonds de la mer. »

A son retour au Japon, le commandant Adams y trouva encore la frégate russe, mais elle conservait peu d'espoir de pouvoir retourner en Russie. Elle était alors amarrée à Hed-do, à 60 milles de Simoda, sur la côte ouest de la presqu'île d'Idzu, où l'amiral Pontiatine qui la commandait fit de vains efforts pour la sauver; elle sombra dans un coup de vent; les officiers et l'équipage échappèrent à la mort et furent plus tard conduits au Kamtschatka par le schooner américain le Foote (1).

1855. — Le 26 janvier, le capitaine Adams revint à Simoda, rapportant le traité de commerce qu'avait fait le commodore Perry avec le Japon et qu'avait signé le Président des Etats-Unis. Il y vit chaque jour arriver des pierres, des bois, des briques, des tuiles, de la chaux, de la paille, etc., qu'on y amenait de toutes parts. Et le 22 février suivant, quand il quitta cette ville qu'avait détruite l'affreux tremblement de terre du 23 décembre précédent, trois cents maisons nouvelles étaient à peu près ou même complètement reconstruites, *quoiqu'on y éprouvât encore de temps en temps d'assez fortes secousses dont plusieurs eurent lieu pendant son séjour.*

Les contours du port de Simoda, dit cet officier, n'ont pas

---

(1) American Expedition to Japan, p. 455 et 586.

été altérés par le tremblement de terre ; mais la vase qui couvrait le fond de la mer paraît y avoir été tellement balayée par les eaux, qu'on n'y trouve plus que la roche nue qui offre un assez mauvais ancrage. Aussi le *Powhatan*, que commandait le cap. Adams, chassa sur trois ancres. Cependant, tout fait espérer que les détritus provenant des terres voisines auront bientôt réformé un fond de vase (1). Il n'est pas dit que le fond ait été soulevé.

1855. — Le 18 novembre, 3 heures du soir, à Decima, près de Nagasaki, tremblement qui m'a été communiqué, sans détails, par M. Buys-Ballot, auquel je dois aussi la connaissance des suivantes.

1857. — Le 12 novembre, 7 h. 1/2 et 9 h. 1/2 du soir, à Decima, deux tremblements.

1858. — Le 8 juin, 4 h. du matin, à Decima, nouveau tremblement. (M. Buys-Ballot, d'après des tableaux météorologiques qui lui ont été envoyés de Decima). Les observations sont probablement incomplètes.

1858. — « Le 10 août, au matin, nous vîmes au loin à l'horizon, dit M. Oliphant, la grande montagne de Fusi-Yama, pic dont je n'avais pas même soupçonné l'existence jusqu'alors et dont nous ignorions encore la célébrité. A grande distance le spectacle était frappant ; s'élevant au-dessus de toutes les éminences inférieures, il portait sa tête couverte de neige à une hauteur de douze mille pieds au-dessus de la mer et présentait, dans ses formes et dans ses lignes, beaucoup de ressemblance avec le mont Etna. D'après les récits japonais, il n'a pas eu d'éruption depuis plus d'un siècle. Changeant notre direction d'après ce guide, si digne de la grande ville de Yédo, nous distinguâ-

---

(1) American Expedition to Japan, p 589.

mes bientôt à tribord les îles brisées, et tout près, le volcan en ébullition de Vries, avec une bouffée de fumée planant au-dessus du cratère comme si une bombe avait éclaté (1).

Le 5, l'auteur était passé à côté des îles Iwo-sima (l. c. p. 58). Il n'y signale aucune activité. « En traversant le détroit de Van Diemen, nous nous trouvâmes le lendemain matin, dit-il, entre deux pics volcaniques en forme de cônes, parfaitement semblables, s'élevant à une hauteur de 2500 pieds et séparés par un espace d'une vingtaine de milles..... Toute cette partie de la côte du Japon est éminemment volcanique ; on apercevait, dans l'intérieur de l'île, des pics, et on distinguait des îles pointues qui témoignaient de leur origine (l. c. p. 60). »

1859. — Le 5 janvier, 7 h. 1/2 du soir, à Decima, tremblement.

Le 27 août, 10 h. 1/2 du soir,

Le 6 octobre, 11 h. 1/4 du matin, et le 11, 7 h. 1/2 du soir, à Decima, trois autres tremblements (M. Buys-Ballot).

1859. — En septembre, dans la baie de Yedo, deux secousses ressenties à bord. — M. Lespès, mon collègue à la Faculté des Sciences, ayant bien voulu demander quelques renseignements à un de ses amis, M. J. Claverie, qui, pendant l'Expédition de Chine, avait fait une excursion au Japon, voici ce que ce jeune officier lui a répondu :

« ..... Séjour à Yedo pendant le mois de septembre et les premiers jours d'octobre 1859. — Deux tremblements de terre ressentis à bord. On s'en aperçoit aux secousses que reçoivent les chaînes de la frégate. Chacun d'eux est violent, mais de courte durée, quelques secondes. Les deux

---

(1) Laurent Oliphant, la Chine et le Japon, Mission du comte d'Elgin, t. II, p. 63, Paris, 1860, 2 vol. in-8°

seules nuits passées à terre sont marquées par un léger
ébranlement. Il n'est pas douteux que l'animation que nous
mettions dans nos courses, ne nous ait empêchés de re-
marquer ces effets un plus grand nombre de fois. Il passe
pour constant, dans le pays, que les tremblements de terre
sont journaliers. Les maisons y sont en bois et en papier
pour rendre ces événements moins redoutables. Le Japon
est le pays le plus volcanique du monde, et je ne connais
pas de volcan d'un aspect plus imposant que celui que les
Japonais appellent Fusy.... »

M. Claverie a eu la complaisance de joindre à sa lettre
une relation du naufrage de la frégate russe la *Diana*, au
mouillage de Simoda, à quelques lieues dans le sud de
Yedo, le 25 juin 1855. Elle est extraite des Annales maritimes de Russie et traduite par un officier russe. Nous
l'avons reproduite un peu plus haut. Qu'il nous soit permis
d'adresser ici nos remercîments à notre excellent confrère
M. Lespès et à son obligeant ami M. J. Claverie.

1860. — En septembre (?) M. Rutherford Alcock, ministre
de S. M. britannique au Japon, a fait l'ascension du Fusi-
yama, dans l'île de Nipon. Il n'y a guère que deux mois
de l'année, juillet et août, dans lesquels le Fusi-yama soit
assez débarrassé de ses neiges pour qu'on puisse en faire
l'ascension. Le mois d'août était déjà passé, lorsque M.
Alcock put enfin, après avoir surmonté tous les obstacles
que lui opposait le gouvernement japonais, entreprendre
un voyage de Yeddo dans l'intérieur de Nipon. Accompagné de huit Anglais et d'une nombreuse cavalcade des
gardes qui surveillent la côte, il traversa d'abord le mont
Hakoni dont l'altitude est de 7000 pieds au-dessus de la
mer et dont les sites lui rappelèrent la Suisse. Arrivé de
l'autre côté de la montagne, il se trouva dans une magni-

fique vallée qu'il compare à celle de Lauterbrunnen. Il se trouvait au pied du Fusi-yama. Là, il lui fallut laisser ses chevaux et faire à pied l'ascension du volcan. Après huit heures de marche, il en atteignit le sommet dont le cratère, éteint depuis longtemps, a 1100 yards environ de longueur. Le pic le plus élevé a une hauteur que des observations d'ébullition de l'eau lui font évaluer à 14177 pieds au-dessus de la mer.

A son retour, M. Alcock traversa le mont Hokani dans un autre endroit et visita Atami où se trouvent de nombreuses sources sulfureuses dont les vapeurs se dégagent en explosions irrégulières (1).

M. Oliphant disait en 1858 : « Un acte de dévotion fort en vogue parmi les Japonais et qui sera sans doute bientôt accompli par quelque Anglais entreprenant, c'est l'ascension du célèbre Fusi-yama, la *Montagne sans pareille*, le mont Mérou du Japon. On dit que l'ascension dure trois jours. Les flancs rugueux de la montagne sont toujours habités par une secte de prêtres qu'on appelle les Jemmabos. Leurs filles, qui sont de belles personnes, à ce que dit Kæmpfer, sont au nombre des rares mendiants qu'on rencontre dans le pays. Elles ne se bornent malheureusement pas à mendier, et leurs parents vivent des contributions des gens licencieux tout autant que des aumônes des gens pieux (2). » M. Alcock dit seulement que les Japonais

---

(1) *Proceedings of the Geog.*, *Soc.*, t. V, n° 3, p. 132. May 13, 1861. On lit encore dans le même recueil, même numéro, p. 113, séance du 31 mars 1861 : « M. Pemberton Hodgson, consul de S. M. à Hakodadi (Chacodade), a fait quatre voyages de quatre à six jours de durée, dans l'île japonaise de Yesso. Il a fait l'ascension de deux volcans en activité. » — Il s'agit sans doute de deux des volcans de la *Baie des Volcans*, dont trois ont toujours été vus en éruption. Mais les détails manquent ; les dates de ces excursions ne sont pas même données.

(2) *La Chine et le Japon*, t. II, p. 189.

doivent être vêtus de blanc pour faire ce pélerinage. Kæmpfer en dit plus (1). Mais ces détails sont étrangers à notre sujet.

1860. — Le 1er octobre, 5 h. 1/2 du soir,

Le 27 décembre, 7 h. 1/2 du soir,

Et le 28 décembre, 5 h. du matin, à Decima, trois autres tremblements. (Il est peu probable qu'il n'y en ait pas eu du 11 octobre 1859 au 1er octobre 1860. Les observations présentent sans doute des lacunes.

1860. — En novembre (sans date de jour), à Kanagawa (baie de Yedo), quatre secousses. — L'*American Journal of Science*, n° 100, July 1862, p. 96, contient un petit article intitulé : « Meteorological Record at Kanagawa, Japan, 1860. » C'est un simple tableau résumé des observations météorologiques faites par M. Hepburn, missionnaire américain de la secte presbytérienne. Ce tableau, qui embrasse la période annuelle du 1er novembre 1860 au 31 octobre 1861, contient une colonne ayant pour titre : « *No of Shocks of Earthquakes.*» C'est à cette colonne que j'emprunte la citation précédente ainsi que les suivantes.

	En décembre.	2	secousses.
1861.	En janvier	1	secousse.
	En février.	4	»
	En mars	2	»
	En avril	2	»
	En mai.	1	»
	En juin.	3	»
	En juillet.	2	»
	En août.	1	»
	En septembre	2	»
	En octobre.	2	»
	Somme des douze mois.	22	secousses.

Dijon, le 12 octobre 1862.

---

(1) Histoire du Japon, trad. de Scheuchzer, t. II, p. 355, Amsterdam, 1732, 5 vol. in-12.

Lyon, Impr. de Rey et Sézanne, rue Saint-Côme, 2.